延怀赤林业
有害生物识别
及防治技术

◎ 王长民 主编

中国农业科学技术出版社

图书在版编目（CIP）数据

延怀赤林业有害生物识别及防治技术 / 王长民主编 .
北京 : 中国农业科学技术出版社，2024. 10. -- ISBN 978-7-5116-7118-9

Ⅰ. S763

中国国家版本馆 CIP 数据核字第 20240GV274 号

责任编辑	倪小勋
责任校对	马广洋
责任印制	姜义伟　王思文

出 版 者	中国农业科学技术出版社
	北京市中关村南大街 12 号　　邮编：100081
电　　话	（010）62111246（编辑室）（010）82106624（发行部）
	（010）82109709（读者服务部）
网　　址	https://castp.caas.cn
经 销 者	各地新华书店
印 刷 者	北京科信印刷有限公司
开　　本	185 mm×260 mm　1/16
印　　张	14.5
字　　数	320 千字
版　　次	2024 年 10 月第 1 版　2024 年 10 月第 1 次印刷
定　　价	88.00 元

版权所有·侵权必究

《延怀赤林业有害生物识别及防治技术》
—编委会—

主　　任：马向东

副 主 任：张　兵　庞月龙　降光兵　王占永

委　　员：吴　峥　宋淑霞　杨金彪　侯建军　苗　杰

主　　编：王长民

副 主 编：吴　峥　谢　升　何建斌　杨金彪　赵　宇　路海艳

参编人员：张　岳　林　永　陆克安　李敬辰　张丽新　黄　珊

　　　　　张　鹏　李　硕　何秀珍　李红霞　李晓霞　王长月

　　　　　张淑霞　董　昭　李喜华　张伟焜　帅立新　吴建光

　　　　　张明盛　王海霞　沈晓杰　侯雯洋　李凤华　詹　民

照片提供：王长民（延庆）　何建斌（怀来）　董　昭（延庆）

　　　　　杨金彪（赤城）　王长月（延庆）　高立丽（延庆）

　　　　　周建波（塞罕坝）　赵京芬（丰台）

序
Preface

《延怀赤林业有害生物识别及防治技术》是北京市延庆区、河北省张家口市怀来县和张家口市赤城县三地联合完成的林业有害生物识别图册和防治技术的总结。延怀赤山水相依，地理相连，地处燕山—太行山山系北侧，涵盖了高山、丘陵、盆地、湖泊以及河谷等地形，是首都西北的重要生态屏障区。延怀赤三区县森林、草地、湿地资源非常丰富，但其中林草植物也常受到各种各样有害生物的危害和威胁。

《延怀赤林业有害生物识别及防治技术》一书，包括了延怀赤三区县主要林业有害生物 204 种，分为 6 章分别介绍了刺吸类害虫 35 种，蛀干类害虫 34 种，地下害虫 11 种，食叶类害虫 108 种，病害 12 种和有害植物 4 种，是延庆区、怀来县和赤城县林业有害生物防控工作中多年的工作积累和精心总结，也是跨省区间的重要区域合作，开创了京津冀联合应对林业有害生物威胁的先河和实际行动范式。该书图文并茂、文字简练、图片典型，突出了林业有害生物的识别特征、为害特点及发生规律，有针对性地提出了防治措施，可操作性强，不仅是延怀赤三地基层专业技术人员、社会化防治公司和科普宣传的重要工具书，对北京市、河北省乃至华北广大区域的林业有害生物防治都有重要的参考价值。

在此，我衷心祝贺其正式出版，并乐之为序。

陈润志

中国科学院动物研究所 研究员
2024 年 9 月 2 日

前言
Preface

　　北京市延庆区、河北省张家口市怀来县、张家口市赤城县（以下简称延怀赤）山水相依，地理相连，人员相亲。三区县地处燕山—太行山山系北侧，总面积0.9万 km²（延庆区1 994 km²，赤城县5 272 km²，怀来县1 801 km²），有53个街乡镇［延庆区辖3个街道11个镇4个乡，赤城县辖18个乡镇（9乡9镇），怀来县辖11镇6乡］，总人口约89万（延庆区34.4万人，怀来县34.8万人，赤城19.8万人）。延怀赤三区县森林、草地、湿地资源非常丰富，其中森林面积726.39万亩（延庆区森林面积184.93万亩，怀来县林地面积111.29万亩，赤城县林地面积430.17万亩）。独特的地理位置和生态环境，丰富的动植物资源，加之良好的生态系统多样性，不仅塑造了延怀赤地区独特的自然景观，也为农业、林业及生态旅游等产业提供了广泛的自然资源基础。

　　近十年，延庆区与京西片区各个区县开展了形式多样的林业有害生物协同防控工作。特别是赤城县、怀来县与延庆区直接相邻，林木种类相似、林业有害生物发生特点相似。如何打破行政区划的界限，做到林业有害生物防控工作无缝衔接，成为延怀赤三区县的共同目标。截至目前，已开展信息交流、虫情会商、联合踏查、灯诱监测以及应急演练等活动80余次。此次联合出版了《延怀赤林业有害生物识别及防治技术》一书，也是完成京冀林业有害生物协同防控的一项重要工作。通过梳理延怀赤三区县林业有害生物的发生种类及发生特点，提出无公害防治手段，为基层专业技术人员、社会化防治公司和科普宣传提供重要的参考资料。

　　本书筛选延庆区、怀来县、赤城县三区县主要林业有害生物204种，其中刺吸类害虫35种，蛀干类害虫34种，地下害虫11种，食叶类害虫108种，病害12种，有害植物4种。本书重点介绍了每种有害生物的中文名、拉丁名、分类地位、分布范围、识别特征、生活史、危害及防治措施等内容。全书共编选有害生物生态照片及典型症状照片 448 张。同时本书还编辑整理了中文索引、拉丁名索引作为附录。

  本书的出版，得到了北京市园林绿化局、北京市园林绿化资源保护中心和北京市林业有害生物防控协会的大力支持，在此表示衷心感谢。因编写时间仓促、编写人员水平有限，书中疏漏之处在所难免，敬请读者批评指正。

编者

2024 年 9 月 2 日

目 录
Contents

第一章 刺吸类害虫 ... 1

1 斑须蝽 *Dolycoris baccarum* (Linnaeus) ... 1
2 茶翅蝽 *Halyomorpha halys* (Stal) ... 2
3 赤条蝽 *Graphosoma rubrolineata* (Westwo) ... 3
4 红足真蝽 *Pentatoma rufipes* (Linnaeus) ... 4
5 金绿宽盾蝽 *Poecilocoris lewisi* (Distant) ... 4
6 红足壮异蝽 *Urochela quadrinotata* Reuter ... 5
7 红脊长蝽（黑斑红长蝽）*Tropidothorax elegans* (Distant) ... 6
8 北京异盲蝽 *Polymerus pekinensis* Horváth ... 7
9 苜蓿盲蝽 *Adelphocoris lineolatus* (Goeze) ... 8
10 三点苜蓿盲蝽 *Adelphocoris fasciaticollis* Reuter ... 8
11 梨冠网蝽 *Stephanotis nashi* Esaki et Takeya ... 9
12 悬铃木方翅网蝽 *Corythucha ciliate* Say ... 10
13 大青叶蝉 *Cicadella viridis* (Linnaeus) ... 11
14 柳尖胸沫蝉 *Aphrophora costalis* Matsumura ... 12
15 斑衣蜡蝉 *Lycorma delicatula* (White) ... 13
16 透翅疏广蜡蝉 *Euricania clara* Kato ... 14
17 北京朴盾木虱 *Celtisaspis beijingana* Yang et Li ... 15
18 槐豆木虱 *Cyamophila willieti* (Wu) ... 16
19 黄栌丽木虱 *Calophya rhois* (Loew) ... 16
20 桑异脉木虱（桑木虱）*Anomoneura mori* Schwarz ... 17
21 白皮松长足大蚜 *Cinara bungeanae* Zhang，Zhang et Zhong ... 18
22 柏长足大蚜（柏大蚜）*Cinara tujafilina* (del Guercio) ... 20

23	松大蚜	*Cinara pinitabulaeformis* Zhang et Zhang	21
24	柳瘤大蚜	*Tuberolachnus salignus* (Gmelin)	22
25	洋白蜡卷叶棉蚜	*Prociphilus fraxinifolii* (Riley)	22
26	槐蚜	*Aphis sophoricola* Zhang	24
27	落叶松球蚜	*Adelges laricis* Vallot	25
28	秋四脉绵蚜	*Tetraneura akinire* Sasaki	25
29	杨柄叶瘿绵蚜	*Pemphigus matsumurai* Monzen	26
30	杨枝瘿绵蚜	*Pemphigus immunis* Buckton	27
31	白蜡绵粉蚧	*Phenacoccus fraxinus* Tang	28
32	草履蚧	*Drosicha corpulenta* (Kuwana)	29
33	毛白杨皱叶瘿螨	*Eriophyes disoar* Nalepa	30
34	栎空腔瘿蜂	*Trichagalma glabrosa* Pujade-Villar & Wang	31
35	呢柳刺皮瘿螨	*Aculops niphocladae* Keifer	31

第二章　蛀干类害虫 ……… 33

36	白蜡哈氏茎蜂	*Hartigia viatrix* Smith	33
37	白蜡窄吉丁	*Agrilus planipennis* (Fairmaire)	34
38	松阴吉丁	*Phaenops yin* (Kubáň & Bíly)	35
39	薄翅锯天牛（中华薄翅天牛）	*Megopis sinica* (White)	36
40	刺槐绿虎天牛（槐绿虎天牛）	*Chlorophorus diadema* (Motschulsky)	37
41	光肩星天牛	*Anoplophora glabripennis* (Motschulsky)	38
42	褐梗天牛	*Arhopalus rusticus* (Linnaeus)	39
43	黑角伞花天牛	*Stictoleptura succedanea* (Lewis)	40
44	槐黑星瘤虎天牛	*Clytobius davidis* (Fairmaire)	41
45	家茸天牛	*Trichoferus campestris* (Faldermann)	41
46	苜蓿多节天牛	*Agapanthia amurensis* Kraatz	42
47	青杨天牛（青杨楔天牛）	*Saperda populnea* (Linnaeus)	43
48	双条杉天牛	*Semanotus bifasciatus* (Motschulsky)	44
49	四点象天牛	*Mesosa myops* (Dalman)	45
50	松幽天牛	*Asemum striatum* (Linnaeus)	46
51	桃红颈天牛	*Aromia bungii* Falderman	47
52	小灰长角天牛	*Acanthocinus griseus* (Fabricius)	48
53	锈色粒肩天牛	*Apriona swainsoni* (Hope)	49

54	沟眶象　*Eucryptorhynchus scrobiculatus* (Motschulsky)	50
55	臭椿沟眶象　*Eucryptorhynchus brandti* (Harold)	51
56	杨干象（杨干隐喙象）　*Cryptorhynchus lapathi* (Linnaeus)	52
57	北京枝瘿象　*Coccotorus beijingensis* (Lin et Li)	53
58	松梢象（松黄星象）　*Pissodes nitidus* Roelofs	55
59	松树皮象　*Hylobitelus abietis haroldi* Faust	55
60	日本双棘长蠹　*Sinoxylon japonicus* (Lesne)	56
61	洁长棒长蠹　*Xylothrips cathaicus* Reichardt	57
62	纵坑切梢小蠹　*Tomicus piniperda* (Linnaeus)	58
63	红脂大小蠹　*Dendroctonus valens* Le Conte	59
64	白斑木蠹蛾　*Catopta albonubilus* Graeser	60
65	芳香木蠹蛾东方亚种　*Cossus cossus orientalis* (Gaede)	61
66	松梢螟（微红梢斑螟）　*Dioryctria rubella* (Hampson)	62
67	楸蠹野螟　*Omphisa plagialis* (Wilenman)	63
68	白杨透翅蛾　*Paranthrene tabaniformis* (Rottemburg)	64
69	葡萄透翅蛾　*Paranthrene regalis* (Butler)	65

第三章　地下害虫 ··············· 67

70	华北蝼蛄　*Gryllotalpa unispina* Saussure	67
71	粗绿丽金龟（粗绿彩丽金龟）　*Mimela holosericea* (Fabricius)	67
72	铜绿异丽金龟　*Anomala corpulenta* Motschulsky	68
73	苹毛丽金龟　*Proagopertha lucidula* Faldermann	69
74	中华弧丽金龟　*Popillia quadriguttata* (Fabricius)	70
75	小青花金龟　*Oxycetonia jucunda* Faldermann	71
76	灰胸突鳃金龟　*Melolontha incana* (Motschulsky)	72
77	华北大黑鳃金龟　*Holotrichia oblita* (Faldermann)	72
78	黑绒金龟（东方绢金龟）　*Maladera orientalis* (Motschulsky)	73
79	八字地老虎　*Xestia c-nigrum* (Linnaeus)	74
80	红腹毛蚊　*Bibio rufiventris* (Duda)	75

第四章　食叶类害虫 ··············· 76

81	榆红胸三节叶蜂　*Arge captiva* (Smith)	76

82	榆近脉三节叶蜂	*Aproceros leucopoda* Takeuchi	77
83	柳厚壁叶蜂	*Pontania bridgmannii* Cameron	78
84	柳蜷叶蜂	*Amauronematus saliciphagus* Wu	80
85	橄榄绿叶蜂	*Tenthredo olivacea* Klug	81
86	杨扁角叶蜂	*Stauronematus compressicornis* (Fabricius)	81
87	落叶松叶蜂	*Pristiphora erichsonii* (Hartig)	82
88	黑胫腮扁叶蜂	*Cephalcia nigrotibialis* Wei	83
89	落叶松腮扁叶蜂	*Cephalcia lariciphila* (Wachtl)	85
90	延庆腮扁叶蜂	*Cephalcia yanqingensis* Xiao	86
91	刺槐叶瘿蚊	*Obolodiplosis robiniae* (Haldemann)	87
92	榛黄达瘿蚊	*Dasinura corylifalva*	88
93	绿芫菁	*Lytta caraganae* Pallas	90
94	榆黄叶甲（榆黄毛萤叶甲）	*Pyrrhalta maculicollis* (Motschulsky)	90
95	榆蓝叶甲（榆绿毛萤叶甲）	*Pyrrhalta aenescens* (Fairmaire)	91
96	榆紫叶甲	*Ambrostoma quadriimpressum* (Motschulsky)	92
97	杨叶甲	*Chrysomela populi* (Linnaeus)	93
98	柳蓝叶甲（柳圆叶甲）	*Plagiodera versicolora* (Laicharting)	94
99	柳十八斑叶甲（柳十八星叶甲、柳九星叶甲）	*Chrysomela salicivorax* (Fairmaire)	95
100	葡萄十星叶甲（十星瓢萤叶甲）	*Oides decempunctata* (Billberg)	96
101	黄栌胫跳甲（黄栌直缘跳甲、黄点直缘跳甲）	*Ophrida xanthospilota* Baly	97
102	柳沟胸跳甲	*Crepidodera pluta* (Latreille)	98
103	杨梢肖叶甲	*Parnops glasunowi* Jacobson	98
104	中华萝藦叶甲	*Chrysochus chinensis* Baly	99
105	槭隐头叶甲	*Cryptocephalus mannerheimi* Gebler	100
106	中华钳叶甲	*Labidostomis chinensis* Lefèvre	101
107	阔胫萤叶甲（薄翅萤叶甲）	*Pallasiola absinthii* (Pallas)	101
108	黑跗曲波萤叶甲	*Doryxenoides tibialis* Laboissière	102
109	枸杞负泥虫	*Lema decempunctata* Gebler	103
110	十四点负泥虫	*Crioceris quatuordecimpunctata* (Scopoli)	104
111	榆锐卷象	*Tomapoderus ruficollis* Fabricius	105
112	栎长颈象	*Paracycnotrachelus chinensis* (Jekel)	106
113	梨卷叶象（梨金象）	*Byctiscus betulae* (Linnaeus)	107
114	榆跳象	*Orchestes alni* (Linnaeus)	108
115	杨潜叶跳象	*Tachyerges empopulifolis* (Chen)	109

116	栎柄象（栎实象）	*Curculio dentipes* (Roelofs)	109
117	紫穗槐豆象	*Acanthoscelides pallidipennis* (Motschulsky)	110
118	柳丽细蛾	*Caloptilia chrysolampra* Meyrick	111
119	梨星毛虫	*Illiberis pruni* Dyar	112
120	榆斑蛾	*Illiberis ulmivora* Graeser	113
121	草地螟	*Loxostege sticticalis* Linnaeus	114
122	黄杨绢野螟	*Diaphania perspectalis* (Walker)	115
123	红云翅斑螟	*Oncocera semirubella* Scopoli	116
124	黄刺蛾	*Cnidocampa favescens* (Walker)	116
125	褐边绿刺蛾	*Parasa consocia* Walker	118
126	中国绿刺蛾	*Parasa sinica* Moore	119
127	扁刺蛾	*Thosea sinensis* (Walker)	119
128	梨娜刺蛾	*Narosoideus favidorsalis* (Staundinger)	120
129	纵带球须刺蛾	*Scopelodes contracta* Walker	121
130	榆凤蛾	*Epicopeia mencia* Moore	122
131	刺槐眉尺蛾	*Meichihuo cihuai* Yang	123
132	丝棉木金星尺蛾	*Abraxas suspecta* Warren	124
133	桦尺蛾	*Biston betularia* (Linnaeus)	125
134	黄连木尺蛾	*Culcula panterinaria* (Bremer et Grey)	126
135	桑褶翅尺蛾	*Zamacra excavata* (Dyar)	127
136	槐尺蠖	*Semiothisa cinerearia* (Bremer et Grey)	128
137	春尺蠖	*Apocheima cinerarius* Erschoff	130
138	女贞尺蛾	*Naxa seriaria* (Motschulsky)	131
139	大造桥虫	*Ascotis selenaria* (Denis et Schiffermüller)	132
140	落叶松尺蛾	*Erannis ankeraria* (Staudinger)	133
141	青辐射尺蛾	*Lotaphora admirabilis* Oberthür	134
142	亚美尺蛾	*Metacrocallis vernalis* Beliaev	134
143	杨扇舟蛾	*Clostera anachoreta* (Denis et Schiffermüller)	135
144	杨小舟蛾	*Micromelalopha sieversi* (Staudinger)	136
145	栎掌舟蛾	*Phalera assimilis* (Bremer & Grey)	136
146	栎纷舟蛾	*Fentonia ocypete* (Bremer)	137
147	黑蕊舟蛾（黑蕊尾舟蛾）	*Dudusa sphingiformis* Moore	138
148	杨二尾舟蛾（柳二尾舟蛾）	*Cerura menciana* Moore	139
149	榆白边舟蛾	*Nerice davidi* Oberthür	140

150	榆掌舟蛾	*Phalera takasagoensis* (Matsumura)	140
151	苹掌舟蛾	*Phalera favescens* (Bremer et Grey)	141
152	刺槐掌舟蛾	*Phalera grotei* (Moore)	142
153	槐羽舟蛾	*Pterostoma sinicum* (Moore)	143
154	舞毒蛾	*Lymantria dispar* (Linnaeus)	144
155	柳毒蛾（杨雪毒蛾）	*Leucoma candida* (Staudinger)	145
156	杨毒蛾（柳雪毒蛾）	*Leucoma salicis* (Linnaeus)	147
157	榆黄足毒蛾	*Ivela ochropoda* (Eversmann)	148
158	盗毒蛾	*Porhesia similis* (Fueszly)	149
159	折带黄毒蛾	*Euproctis flava* (Bremer)	150
160	古毒蛾	*Orgyia antiqua* (Linnaeus)	151
161	角斑台毒蛾	*Teia gonostigma* (Linnaeus)	152
162	美国白蛾	*Hyphantria cunea* (Drury)	152
163	漆黑污灯蛾	*Spilarctia infernalis* (Butler)	154
164	桃剑纹夜蛾	*Acronicta intermedia* (Warren)	155
165	桑剑纹夜蛾	*Acronicta major* (Bremer)	155
166	榆剑纹夜蛾	*Acronicta hercules* (Felder & Rogenhofer)	156
167	黄褐箩纹蛾	*Brahmaea certhia* Fabricius	157
168	黄褐天幕毛虫	*Malacosoma neustria testacea* Motschulsky	158
169	桦天幕毛虫（桦幕枯叶蛾、绵山天幕毛虫）	*Malacosoma rectifascia* Lajonquière	159
170	油松毛虫	*Dendrolimus tabulaeformis* Tsai et Liu	160
171	落叶松毛虫	*Dendrolimus superans* (Butler)	161
172	杨枯叶蛾（杨褐枯叶蛾）	*Gastropacha populiolia* Esper	163
173	苹果枯叶蛾	*Odonestis pruni* (Linnaeus)	164
174	杨目天蛾	*Smerinthus caecus* Ménétriés	164
175	蓝目天蛾	*Smerinthus planus* Walker	165
176	榆绿天蛾	*Callambulyx tatarinovi* (Bremer et Grey)	166
177	樗蚕蛾	*Philosamia cynthia* Walker et Felder	167
178	绿尾大蚕蛾	*Actias selene ningpoana* Felder	168
179	单齿翅蚕蛾（黄波花蚕蛾）	*Oberthueria yabdu* Zolotuhin & Wang	169
180	落叶松鞘蛾	*Coleophora laricella* (Hübner)	170
181	蛇眼蝶	*Minois dryas* (Scopoli)	171
182	绢粉蝶	*Aporia crataegi* (Linnaeus)	171
183	淡色钩粉蝶	*Gonepteryx aspasia* Ménétriés	173

184	丝带凤蝶	*Sericinus montela* Gray	173
185	花椒凤蝶（柑橘凤蝶、橘黄凤蝶） *Papilio xuthus* (Linnaeus)		175
186	白钩蛱蝶	*Polygonia c-album* (Linnaeus)	176
187	黄钩蛱蝶	*Polygonia c-aureum* (Linnaeus)	177
188	大红蛱蝶	*Vanessa indica* (Herbst)	178

第五章 病害 ... 180

189	苹桧锈病（梨桧锈病）	180
190	杨树炭疽病（杨树黑叶病）	181
191	黄栌白粉病	183
192	毛白杨锈病	184
193	杏疗病	185
194	杨树黑斑病	186
195	冠瘿病（根癌病）	187
196	杨树腐烂病	187
197	黄栌枯萎病	189
198	国槐烂皮病	190
199	枣疯病	191
200	落叶松早期落叶病	192

第六章 有害植物 ... 193

201	刺果瓜	*Sicyos angulatus* (Linnaeus)	193
202	菟丝子	*Cuscuta chinensis* Lam.	194
203	曼陀罗	*Datura stramonium* (Linnaeus)	195
204	槲寄生	*Viscum coloratum* (Kom.)	196

第七章 延怀赤地区有害生物主要的监测设备 ... 198

第八章 延怀赤林业有害生物发生情况 ... 200

参考文献 203

中文索引 206

拉丁文索引 210

第一章 刺吸类害虫

1 斑须蝽 *Dolycoris baccarum* (Linnaeus)

半翅目 蝽科

分布范围： 中国各地。

识别特征： 成虫体长8～13 mm，椭圆形，黄褐或紫色，密被白色绒毛和小黑刻点；触角5节，第1节、第2～4节基部及末端以及第5节基部黄色，形成黄黑相间；小盾片末端钝而光滑，黄白色；前胸背板前侧缘略上翘，淡黄色后部暗红色；前翅革片淡红褐或暗红色，腹片黄褐、透明；侧接缘外露，黄褐相间。

生活史： 北京一年发生2代，以成虫在杂草、枯枝落叶及植物根际越冬。食性广、生命力强。4月中旬和7月中旬产卵于叶表或花蕾、果实上，卵块一般为12～24粒，4行，整齐纵列，有的排列不整齐。26℃下卵期约5天，若虫期约40天。

危害： 泡桐、梨、桃、苹果、石榴、山楂等。成虫和若虫刺吸嫩叶、嫩茎及穗部汁液。茎叶被害后，出现黄褐色斑点，严重时叶片卷曲，嫩茎凋萎，影响生长，减产减收。

斑须蝽-成虫（怀来茨儿山-何建斌2021年7月拍摄）

2 茶翅蝽 *Halyomorpha halys* (Stal)

半翅目 蝽科

分布范围： 中国各地。

识别特征： 成虫体长约15 mm，近椭圆形，扁平，灰褐带紫红色；触角5节，第2节短于第3节，第4节两端和第5节基部黄色；前胸背板前缘横列有黄褐色小点4个；小盾片基部有横列小点5个；腹部两侧黑白相间。卵短圆形，块状，初为灰白色，后为黑褐色。若虫老龄体似成虫，翅未形成，前胸背板两侧有刺突，腹部各节背面有黑斑。

生活史： 北京一年发生1代，以成虫在屋檐下、窗缝、墙缝、草丛、草堆等处越冬。翌年5月上旬成虫开始活动，刺吸植物汁液。卵产于叶背，成块状，每卵块含卵约20粒。7月初若虫孵化，为害叶、果，受害叶片褪绿、果实畸形。7月下旬成虫羽化，9月开始越冬。被刺吸的部位很容易被病菌侵染，同时可传播病毒。

危害： 枣、酸枣、苹果、梨、桃、杏、李、葡萄、栗、核桃、泡桐、丁香、榆、桑、海棠、山楂、樱桃、樱花等。

防治方法：

（1）冬季清除枯枝落叶和杂草，集中烧毁，消灭越冬成虫。

（2）成虫、若虫为害期清晨振落树干或扫网捕杀。

（3）可采用卵寄生蜂。

茶翅蝽-低龄若虫（怀来永定河大秦桥-何建斌2023年8月拍摄）

第一章 刺吸类害虫

茶翅蝽-若虫（怀来老郎苗圃-何建斌2021年9月拍摄）

茶翅蝽-成虫（延庆莲花山-王长民2024年7月16日拍摄）

3 赤条蝽 *Graphosoma rubrolineata* (Westwo)

半翅目 蝽科

分布范围： 东北、华北、西北、华东、华南及西南诸山区。

识别特征： 成虫体长9~13 mm，橙红色黑条纵贯全长，头部2条，前胸背板6条，小盾片4条；体表粗糙而密布细密刻点和白色短绒毛；侧接缘具黑橙相间点状纹。卵桶形，竖置，乳白至白灰色，密生白短绒毛。若虫老龄体橙红色，各节杂生红黄斑点，具黑纵纹，数量及排列同成虫。

生活史： 一年发生1代，以成虫在枯枝落叶、杂草丛和土块下越冬。翌年5—7月产卵于寄主植物花序或果序表面，聚生成块，双行排列，每块约14粒。卵期9~13天，若虫期约40天，初龄若虫聚集为害，2龄后分散。

危害： 榆、栎。

赤条蝽-成虫（延庆啤酒溪-王长民2013年9月6日拍摄）

4 红足真蝽 Pentatoma rufipes (Linnaeus)

半翅目 蝽科

分布范围： 北京、河北、山西、内蒙古、辽宁、吉林、黑龙江、陕西、青海、新疆。

识别特征： 成虫体长19~22 mm，前胸背板两侧角间宽10~12 mm。淡黄褐色，刻点暗褐。触角黑褐。前胸背板前侧缘内凹，具黑细锯齿及金绿光泽，边缘内侧及侧角红色，小盾片两基角处各有一光滑斑。前翅革质部刻点，基处较粗稀，带金属光泽，端处细密。前翅膜片烟褐色，长过腹末。侧接缘黄黑相间。足淡黄褐色，跗节色较深。腹部腹面淡黄褐色，光滑，腹基突稍突出，气门片黑色。

生活史： 北方地区一年发生1代，以成虫越冬，6月初产卵，6月下旬孵化，6—8月成虫、若虫均可采到。

危害： 小叶杨、柳、榆、花楸、桦、橡树、山楂、醋栗、杏、梨、海棠。

红足真蝽（延庆啤酒溪-王长民2013年9月6日拍摄）

5 金绿宽盾蝽 Poecilocoris lewisi (Distant)

半翅目 盾蝽科

分布范围： 山东、北京、河北、天津、陕西、江西、浙江、四川、贵州、云南、台湾。

识别特征： 成虫长13.5~15.5 mm，宽9~10 mm。宽椭圆形。触角蓝黑，足及身体下方黄色，体背是有金属光泽的金绿色，前胸背板有横向近"日"字形褐红色纹，小盾片有艳丽的条状斑纹，隆起如龟背。老熟若虫头、胸黑色，腹背有"凹"字黑斑，

第一章 刺吸类害虫

侧接缘有一列圆形黑斑。

生活史：金绿宽盾蝽一年1代，以5龄若虫在落叶和石块下越冬，翌年4月上中旬陆续从越冬处爬出，取食嫩叶。5月中旬5龄若虫开始羽化，6月初为羽化高峰期，6月中下旬羽化期结束，5—8月为成虫期，7月底到8月中旬交配产卵，8—9月若虫由1龄发育至5龄，9月中下旬为5龄若虫高峰期，11月5龄若虫开始转移越冬。

危害：葡萄、松、枫杨、臭椿、侧柏。以若虫和成虫刺吸受害植物的枝条、叶片。成虫臭腺发达。

金绿宽盾蝽-若虫-刺槐（延庆香营乡-王长民2016年5月13日拍摄）

金绿宽盾蝽-成虫（延庆大庄科乡-王长民2014年6月13日拍摄）

6 红足壮异蝽 *Urochela quadrinotata* Reuter

半翅目 异蝽科

分布范围：黑龙江、吉林、辽宁、北京、河北、山西、陕西、甘肃等地。

识别特征：成虫体长约15 mm，背扁平赭色略带红色；头、胸部及体腹面土黄或浅赭色；背部除头外均有黑刻点；头小，触角长，头、触角基后方中央有横皱纹；前胸背板胝部有斜行线斑2枚，侧缘中部向内凹陷成波状，背侧缘向中部凹入，前、后胸侧板后缘有细而稀疏的黑刻点；小盾片基角呈一黑椭圆刻痕，侧接缘有黑、黄相间的长方形斑；翅上有黑点2个；翅革质部发达，上有黑斑2个，足红褐色。

生活史：一年发生1代，以成虫在石块下、土缝、落叶枯草中越冬。7—9月为成虫发生盛期。成虫和若虫均可为害，其为害部位主要为叶芽、嫩叶、花芽、嫩枝以及果实；若虫有群集为害的习性，成虫多分散活动；主要为害榆树幼树和梨树幼果。叶片受害后，轻则部分叶面变黄，重则逐渐枯黄，甚至形成小枝枯死的现象。梨果实受害后组织硬化并形成畸形果。

危害：榆、榛、梨。成虫和若虫均可为害，尤其对榆树幼树和梨树幼果为害较重。其为害部位主要为叶芽、嫩叶、花芽、嫩枝以及果实。

红足壮异蝽-卵（怀来沙城-何建斌2022年6月拍摄）

红足壮异蝽-若虫
（怀来沙城-何建斌2022年6月拍摄）

红足壮异蝽-成虫
（怀来八卦-何建斌2020年5月拍摄）

7 红脊长蝽（黑斑红长蝽）Tropidothorax elegans (Distant)

半翅目　长蝽科

分布范围：北京、天津、江苏、河南、浙江、江西、广东、广西、四川、云南、内蒙古和台湾。

识别特征：成虫长椭圆形；头、触角和足黑色，体红黄色；前胸背板后缘中部稍向前凹入，纵脊两侧各有近方形的大黑色斑1个；小盾片三角形，黑色；前翅爪片除基部和端部红黄色外为黑色，革片和缘片的中域有一黑色斑；膜质部黑色，基部近小盾片末端处有白色斑 1 枚。

生活史：一年发生 2 代，以成虫在寄主附近的树洞或枯叶、石块和土块下面的穴洞中结团过冬。翌年 4 月开始活动，5—6 月为第 1 代若虫发生期，6—8 月为第 1 代成虫发生期，8—9 月为第 2 代若虫发生期，9—11 月为第 2 代成虫发生期。成虫和若虫群集于嫩茎、嫩叶刺吸汁液为害，刺吸处多出现褐色斑点，严重时导致叶片枯萎。

危害：海州常山、刺槐、花椒、一串红、翠菊、葫芦等植物。

红脊长蝽-成虫
（延庆东五里营-王长民 2020 年 2 月 28 日拍摄）

8 北京异盲蝽 *Polymerus pekinensis* Horváth

半翅目 盲蝽科

分布范围：北京、天津、山西、内蒙古、吉林、黑龙江、浙江、安徽、福建、江西、山东、四川、云南、陕西。

识别特征：成虫体连翅长 5.2~5.9 mm。体黑色，具光泽，体背及鞘翅部分具银白色丝状毛（聚成小毛簇）。触角第 1 节黄褐色。足腿节近端部具淡黄色环，胫节基半部黑色，近基部具浅色环。触角第 4 节明显长于第 3 节，但仍短于第 2 节。

北京异盲蝽-成虫（怀来卧牛山-何建斌 2022 年 5 月拍摄）

9 苜蓿盲蝽 *Adelphocoris lineolatus* (Goeze)

半翅目 盲蝽科

分布范围： 北京、天津、河北、山西、内蒙古、辽宁、吉林、黑龙江、浙江、江西、山东、河南、湖北、广西、四川、云南、西藏、陕西、甘肃、青海、宁夏、新疆。

识别特征： 成虫体长 7.5～9 mm，宽 2.3～2.6 mm，黄褐色，被细毛。头顶三角形，褐色，光滑，复眼扁圆，黑色，喙 4 节，端部黑色，后伸达中足基节。触角细长，顶端具褐色斜纹。前胸背板胝区隆突，黑褐色。小盾片突出，有黑色纵带 2 条。前翅黄褐色，前缘具黑边，膜片黑褐色。足细长。腹部基半两侧有褐色纵纹。卵长 1.3 mm，浅黄色，香蕉形，卵盖有一指状突起。若虫黄绿色具黑毛，眼紫色，翅芽超过腹部第 3 节，腺囊口呈"八"字形。

生活史： 北京一年发生 3 代，以卵在草枯茎组织内越冬。越冬卵 4 月上旬孵出第 1 代若虫，成虫于 5 月上旬开始羽化。第 2 代若虫 6 月上旬出现，成虫 6 月下旬开始羽化，第 3 代若虫 7 月下旬孵出，若虫于 10 月中旬全部结束，第 3 代成虫 8 月中下旬羽化，9 月中旬成虫在越冬寄主上产卵越冬。

危害： 棉、苜蓿、蒿、柽柳、沙柳、沙棘、沙蒿、花棒等。若虫或成虫喜集聚活动，一般十几头或几十头聚在一株植物上取食，喜食植物幼嫩组织。

苜蓿盲蝽-成虫（怀来杏林堡林场-何建斌2022年6月拍摄）

10 三点苜蓿盲蝽 *Adelphocoris fasciaticollis* Reuter

半翅目 盲蝽科

分布范围： 河北、山西、内蒙古、辽宁、黑龙江、江苏、安徽、江西、山东、河南、湖北、海南、四川、陕西。

识别特征：成虫体长约6mm，宽2.6mm。体长卵形，暗黄色，具黑褐色斑纹。触角红褐，第1、第2节基半及第3、第4节基部黄褐色。头顶黄褐色，中叶黑褐色。喙伸达后足基节。胝黑，前胸背板后部有一黑色横带，通常在中央断开。小盾片两基角、爪片、革片端半及其顶角暗褐色，衬出小盾片及2楔片为背面颜色最浅的3个部位，故名。足黄褐色，腿节具黑褐色斑点，胫节端部黑褐色。

三点苜蓿盲蝽-成虫
（怀来果园水库-何建斌2021年9月拍摄）

危害：棉花、马铃薯、大豆、大麻、小麦、蓖麻等。

11 梨冠网蝽 *Stephanotis nashi* Esaki et Takeya

半翅目 网蝽科

分布范围：东北、华北、华中、华东、西北等地区。

识别特征：成虫体长3～3.5mm，扁平，暗褐色。头小，复眼暗黑，触角丝状，翅上布满网状纹；前胸背板向后延伸成三角形，两侧向外突出呈翼片状，褐色细网纹。前翅略呈长方形，具黑褐色斑纹，静止时两翅叠起，黑褐色斑纹呈"X"状。虫体胸腹面黑褐色，有白粉。腹部金黄色，有黑色斑纹。足为黄褐色。卵长椭圆形，长0.6mm，稍弯，初淡绿后淡黄色。若虫暗褐色，身体扁平。体缘具黄褐色的刺状突起。

生活史：每年发生4代，以成虫越冬。雌成虫产卵于叶组织内，常产数十粒在一起，外部仅有弯曲之端，扦蔽以褐色的分泌物。初孵化的幼虫几乎无色。幼虫期为2～4周。第一代成虫在7月发现，第二代在8月上旬，第三代在9月上旬，第四代在10月中旬。

梨冠网蝽-为害状（怀来沙城-何建斌2017年9月拍摄）

危害：梨树、扶桑、木瓜、栀子花、紫藤、月季、梅花、樱花、含笑、桃树、茶花、茉莉、四季海棠、贴梗海棠、垂丝海棠、杜鹃、蜡梅、杨树等。

梨冠网蝽-若虫（怀来沙城-何建斌2017年9月拍摄）　　梨冠网蝽-成虫（怀来沙城-何建斌2017年9月拍摄）

12 悬铃木方翅网蝽 Corythucha ciliate Say

半翅目 网蝽科

分布范围： 湖北省武汉市、河南省郑州市、江苏省南京市、重庆、上海、浙江省杭州市、北京市延庆区、河北省张家口市怀来县等地。

识别特征： 成虫虫体乳白色，在两翅基部隆起处的后方有褐色斑；体长3.2～3.7 mm，头兜发达，盔状，头兜的高度较中纵脊稍高；头兜、侧背板、中纵脊和前翅表面的网肋上密生小刺，侧背板和前翅外缘的刺列十分明显；前翅显著超过腹部末端，静止时前翅近长方形；足细长；后胸臭腺孔远离侧板外缘。卵乳白色，长椭圆形，顶部有褐色椭圆形卵盖。若虫，共5龄，体形似成虫，无翅。1龄若虫体无明显刺突；2龄若虫中胸小盾片具不明显刺突；3龄若虫前翅翅芽初现，中胸小盾片2个刺突明显；4龄若虫前翅翅芽伸至第1腹节前缘，前胸背板具2个明显刺突，末龄若虫前翅翅芽伸至第4腹节前缘，前胸背板出现头兜和中纵脊，头部具刺突5枚。

生活史： 成虫寿命大约1个月，它的繁殖量非常大，每只成虫能产卵200～300个，每年发生4～5代。该虫较耐寒，最低存活温度为-2.2℃，以成虫在寄主树皮下或树皮裂缝内越冬。该虫可借风或成虫的飞翔近距离传播，也可随苗木或带皮原

悬铃木方翅网蝽-为害状
（怀来帝曼温泉度假村-何建斌2017年9月拍摄）

木远距离传播。

危害：悬铃木属植物，通常于悬铃木树冠底层叶片背面吸食汁液，最初造成黄白色斑点和叶片失绿，严重时叶片由叶脉开始干枯至整叶枯黄、青黑及坏死，从而造成树木提前落叶、树木生长中断、树势衰弱甚至死亡；同时携带危险病菌间接为害，从而产生更大的间接潜在为害。

悬铃木方翅网蝽-若虫
（怀来帝曼温泉度假村-何建斌2017年9月拍摄）

悬铃木方翅网蝽-成虫
（延庆莲花山-王长民2023年7月11日拍摄）

13 大青叶蝉 *Cicadella viridis* (Linnaeus)

半翅目 叶蝉科

分布范围：黑龙江、吉林、辽宁、内蒙古、河北、山东、河南、陕西、甘肃、宁夏、青海、新疆、江苏、安徽、浙江、湖北、江西、湖南、福建、台湾、广东、海南、四川及贵州等地。

识别特征：成虫体长8～10 mm，草绿色；头部黄褐色，头冠前半部两侧各有淡褐色弯曲横纹1组，两单眼之间有1对黑点；前翅深绿色，末端灰白色、半透明。卵光滑，白色微黄"香蕉"状。

生活史：一年发生3代，以卵在嫩枝皮层内越冬。第1、第2代主要为害农作物，第3代为害晚秋蔬菜和农作物，10月上旬转移到林木果树嫩枝上产卵过冬。成虫趋光性强，昼夜均可活动取食，喜弹跳，活跃。

危害：杨、柳、榆、核桃、桃、苹果、梨、国槐、桑、臭椿、桧柏、法国梧桐、白蜡、泡桐和栎等。

大青叶蝉-若虫（怀来白龙潭-何建斌2023年6月拍摄）

大青叶蝉-成虫（怀来植物园-何建斌2021年9月拍摄）

14 柳尖胸沫蝉 *Aphrophora costalis* Matsumura

半翅目 沫蝉科

分布范围： 新疆、青海、甘肃、内蒙古、陕西、河北、吉林、黑龙江等省区。

识别特征： 成虫雌虫体长约9 mm，宽3 mm左右；雄虫体长约8 mm，宽2.8 mm左右。全体黄褐色。头顶呈倒"V"形；前胸背板近七边形，小盾片近三角形，前翅革质，褐黄色，后足胫节外侧有2个黑刺，末端有10余个黑刺排成两列；第1、第2跗节端部各有黑刺1列。卵呈披针形，一端尖而略弯，弯端外侧色深。

生活史： 一年发生1代，以卵在枝条上或枝条内越冬。翌年4月中旬后，越冬卵开始孵化，4月下旬至5月中旬为孵化盛期。初孵若虫喜群集在新梢基部取食，同时，腹部不断地排出泡沫，将虫体覆盖，尾部还不时翘起，露在泡沫外。

危害： 柳、杨、榆、苹果、沙棘及紫花苜蓿、早熟禾。

第一章 刺吸类害虫

柳尖胸沫蝉-若虫（怀来暖泉-何建斌2022年5月拍摄）

柳尖胸沫蝉-成虫（怀来后郝窑-何建斌2022年6月拍摄）

15 斑衣蜡蝉　*Lycorma delicatula* (White)

半翅目　蜡蝉科

分布范围：甘肃、陕西、山西、四川、江苏、浙江、河南、北京、河北、山东、广东、广西、云南、吉林、台湾、海南、辽宁、西藏、宁夏、安徽等地。

识别特征：成虫体长约18 mm，翅展约45 mm。头部小，淡褐色，复眼黑色；触角红色，歪锥状。前翅革质，长卵形，基半部淡褐色，上布黑斑10~20个，端半部黑色，脉纹白色。后翅膜质，扇形，基部鲜红色，有黑斑6~8个，端部黑色，在红色与黑色区域间，有白色横带，脉纹黑色。卵长圆形，褐色。若虫5龄。1龄若虫初孵时白色，后转灰色，最后成黑色。2龄若虫体形似1龄若虫。3龄若虫白色斑点显著。4龄若虫体背淡红色，翅芽明显，足黑色，布有白色斑点。

生活史：一年发生1代，以卵在树干分杈处或附近建筑物上越冬；5月上旬为若虫孵化盛期，6月中下旬至7月上旬成虫羽化，活动为害至10月下旬。以若虫、成虫在叶背、嫩梢上刺吸汁液为害，取食导致植物分泌物流出，同时会排泄蜜露从而诱发煤污病，还可加重病毒病的传播。

危害：臭椿、香椿、杨树、刺槐、国槐、苦楝、榆树、枫树、合欢、黄杨、柳树和海棠等。

斑衣蜡蝉-卵
（怀来沙城-何建斌2020年9月拍摄）

斑衣蜡蝉-低龄若虫
（怀来卧牛山-何建斌2020年5月拍摄）

斑衣蜡蝉-老龄若虫
（怀来沙城-何建斌2023年7月拍摄）

斑衣蜡蝉-成虫
（怀来沙城-何建斌2020年7月拍摄）

16 透翅疏广蜡蝉 *Euricania clara* Kato

半翅目 广翅蜡蝉科

分布范围：北京、河北、陕西、甘肃。

识别特征：成虫体长约5 mm，栗褐色，中胸盾片最深；前翅无色透明，边缘黄褐色，翅脉褐色；后翅无色透明，翅周缘有褐色细线。卵麦粒状。若虫体扁平，腹末有多条白色直拉丝。

生活史：一年发生1代，以卵成行在枝条上越冬。若虫腹末蜡丝可作褶扁状开张，为害嫩枝，地面落有一层"甘露"。

危害：刺槐、连翘、蔷薇、接骨木、桑、枸杞。

透翅疏广蜡蝉（延庆三潭沟-王长民2020年8月11日拍摄）

17 北京朴盾木虱 *Celtisaspis beijingana* Yang et Li

半翅目 木虱科

分布范围：北京、辽宁等。

识别特征：前后翅均透明，具褐色横带斑。若虫头胸无黑斑，臀板缺透斑块；雄肛节（第10腹节）显长于阳基侧突；蜡壳白色；雄阳茎基节强弯；雌背瓣侧视其背缘平，腹端钝突；若虫不致瘿。体长（达翅端）3.50～4.53 mm，体黑褐色具黄斑，密被短毛。头部垂直，宽0.81～0.88 mm，中缝长0.31～0.38 mm，头顶横宽，黄至黄绿色，一对黑色钩纹尖端相接，其间的中缝也呈黑线，头顶的一对凹陷有时带黑色，颊锥圆锥状。

生活史：一年2代，以卵越冬，每年4月末开始孵化，若虫共5龄，为害期每代持续30多天。

危害：小叶朴。

北京朴盾木虱-若虫
（延庆八达岭-2020年6月7日拍摄）

北京朴盾木虱-小叶朴
（延庆八达岭-2020年6月7日拍摄）

18 槐豆木虱 *Cyamophila willieti* (Wu)

半翅目 木虱科

分布范围：北京、河北、陕西、山西等地。

识别特征：成虫体长 3.0～3.5 mm，浅绿略带黄色，冬型深褐色至黑褐色；前翅透明，长椭圆形，有黑色缘纹 4 条，中间主脉 1 条，分 3 支，又各分 2 支。若虫体略扁，初孵化体黄白色，后变绿色，复眼红色，腹部略黄色。

生活史：一年发生 4 代，以成虫在树皮缝和杂草上越冬，世代重叠较重。以成虫、若虫刺吸为害为主，若虫分泌物常诱发煤污病。

危害：国槐、龙爪槐。

a. 槐豆木虱-为害状（王长民 2020 年 6 月 15 日拍摄）
b. 槐豆木虱（延庆张山营-王长民 2020 年 6 月 10 日拍摄）

19 黄栌丽木虱 *Calophya rhois* (Loew)

半翅目 丽木虱科

分布范围：四川、辽宁、宁夏、甘肃、北京、河北、山西、陕西、山东、安徽、湖北、湖南。

识别特征：成虫体长 1.8～2.0 mm，分为冬型和夏型，冬型体色较深，夏型头顶及胸部暗红褐色，腹部鲜黄色，背面有褐色斑。若虫复眼赭红色，胸腹有淡褐色斑，腹部黄色。

生活史：黄栌丽木虱一年2代，以成虫在落叶内、杂草间和土块下越冬，世代重叠，4—9月均可为害。害虫喜群集于当年生幼芽、嫩叶上刺吸汁液为害，可造成叶片皱缩，若虫分泌蜡质，常诱发霉污病。

危害：黄栌。成虫、若虫群集于当年生幼芽、嫩叶上刺吸汁液为害，可造成叶片皱缩；卵产于叶背绒毛中、叶缘卷曲处或嫩梢上。5月是为害高峰期。

生物防治：保护瓢虫等天敌。

黄栌丽木虱-为害状
（延庆张山营-王长民2016年5月8日拍摄）

黄栌丽木虱-成虫-黄栌（延庆黄柏寺-王长民2020年5月3日拍摄）

20 桑异脉木虱（桑木虱）Anomoneura mori Schwarz

半翅目 木虱科

分布范围：北京、河北、浙江、江苏、湖北、陕西、四川、重庆、贵州、辽宁、台湾等地。

识别特征：成虫初期绿色，渐变褐色，体长4.2～4.7 mm，5龄若虫体长约2.5 mm，成虫体形似蝉，复眼半球形，赤褐色，胸背隆起，具深黄纹数对。触角针状10节，顶端具刚毛2根，呈分叉状。中胸盾片有3对赭色黄纹。前翅长圆形，半透明有咖啡色斑纹。后翅透明。卵初白色，后变黄色，末端尖，具一卵角，另一端圆，具成虫及若虫被害状卵柄，孵化前尖端两侧各出现一红色眼点。若虫体扁平，初浅绿色，尾部有白色蜡质长毛，3龄若虫具翅芽，长0.87 mm。触角3节，末端黑色。5龄若虫体长2.2 mm，触角8～10节，末端黑色，翅芽肥大，基部有2条黑纹，尾端有4束白色蜡丝长毛。

生活史： 一年发生1代，以成虫在桑树或柏树的树皮缝内越冬，翌年桑芽萌发时，越冬成虫出蛰交尾，卵产在尚未展开的幼叶的叶片背面，4月上旬初孵若虫取食为害，5月上中旬成虫羽化。成虫飞翔能力强，具群集性、迁移性，多在桑树嫩梢和叶背吸食叶片汁液。夏季羽化成虫迁飞群聚为害柏树，7月上旬至8月下旬迁飞到桑树为害，9—10月又迁飞到柏树，10月下旬又回到桑树。

桑异脉木虱-为害状-桑树
（延庆东湖-王长民2014年5月30日拍摄）

危害： 桑树、柏树。以成虫、若虫刺吸芽叶为害，受害叶边缘向叶背卷缩呈筒状或耳朵状，甚至硬化脱落，严重时桑芽不能正常萌发，叶片由于失水而造成组织坏死或出现枯黄斑块。若虫还可为害桑花、桑果和幼嫩枝梢，抑制枝梢生长。若虫产有白色蜡丝，为害严重时白色蜡丝布满叶背，其

桑异脉木虱-若虫（延庆东湖-王长民2020年5月30日拍摄）

桑异脉木虱-成虫（延庆下板泉-王长民2021年7月4日拍摄）

分泌物洒落在下部叶片和桑果上，易诱发桑树及林下植物煤污病，严重时影响桑树、柏树生长。

生物防治： 保护和利用天敌资源，异色瓢虫、龟纹瓢虫等。

21 白皮松长足大蚜 *Cinara bungeanae* Zhang，Zhang et Zhong

半翅目 大蚜科

分布范围： 河北省张家口市怀来县小南辛堡镇危害严重。

识别特征：无翅孤雌蚜呈黑褐色，有少量白粉，体与附肢多毛，后头部有明显的中缝。触角节Ⅰ呈褐色，节Ⅱ白色、节Ⅱ~Ⅵ端部褐色，各节均具毛。喙黑色具毛；腹管位于多毛圆锥体上。有翅孤雌蚜体椭圆形、灰黑色，体灰斑多愈合，头部密被毛，前胸灰白色，发达中胸黑色，腹部背片腹管间有毛达23~25根，背片Ⅷ有毛15根。触角全长1.1 mm。

生活史：以卵在松针上越冬。3月下旬或4月上旬卵孵化为若虫，4月上中旬出现干母蚜进行孤雌胎生继续繁殖若虫（一头干母蚜能胎生30多头雌性若虫），若虫长成后继续繁殖。5月上中旬出现有翅侨蚜，进行扩散。从4月中下旬至11月中旬可以同时看到成虫和各龄期的若虫群集于1~4年生绿色背阴枝条上。11月上旬出现有翅雄、雌成虫交配产卵于松针越冬（每头可产卵7~24粒），少数产卵于树皮缝内，也有少量无翅孤雌蚜躲于树皮缝的背风处越冬。11月底进入越冬状态。

危害：白皮松。不喜强光，常群集于枝背面为害，致害能力强，中下部枝条较严重。

生物防治：可通过释放蚜茧蜂、瓢虫、草蛉、微小花蝽、食蚜瘿蚊幼虫进行防治。

白皮松长足大蚜-孤雌蚜（怀来段庄-何建斌2020年5月拍摄）

白皮松长足大蚜-孤雌蚜（怀来段庄-何建斌2020年5月拍摄）

22 柏长足大蚜（柏大蚜） *Cinara tujafilina* (del Guercio)

半翅目 大蚜科

分布范围：全国各地均有分布。

识别特征：有翅孤雌蚜体长 3～3.5 mm，头胸黑褐色，腹部红褐色，跗节、爪和腹管黑色。无翅孤雌蚜体长 3.7～4 mm，体色较浅至黑色，被薄蜡粉，体背黑色斑点组成"八"字形条纹，腹末钝圆。

生活史：一年发生数代，主要以卵在柏叶上越冬，少数以无翅孤雌蚜在树皮缝和丛状枝背风处越冬。

危害：侧柏、桧柏和铅笔柏等。

柏长足大蚜（柏大蚜）-孤雌蚜（怀来水口山-何建斌2019年8月拍摄）

柏长足大蚜（柏大蚜）-孤雌蚜（怀来拦河坝-何建斌2023年4月拍摄）

23 松大蚜 *Cinara pinitabulaeformis* Zhang et Zhang

半翅目 大蚜科

分布范围： 北京、辽宁、河北、河南、山东、陕西、山西、内蒙古和华南等地；河北省张家口市土木镇、存瑞镇；赤城县油松林区危害严重。

识别特征：

（1）无翅蚜。雌无翅蚜是繁殖的主体。头小，腹大，黑褐色，体长 3~4 mm，宽 3 mm，近球形，腹 9 节，头 5 节渐宽为较硬腹，后 4 节渐窄为软腹。触角刚毛状，6 节，第 3 节较长。复眼黑色，突出于头侧。秋末，雌成蚜腹末被有白色蜡粉。

（2）有翅蚜。分为雌、雄两种，雄蚜腹部窄，雌蚜腹部宽，但窄于无翅蚜。有翅蚜翅透明，在两翅端部有一翅痣，头方圆形，大于无翅蚜，前胸背版有明显圆环和水"X"形花纹。触角长 1.5 mm，嘴细长，可伸达腹部第 5 节。

（3）卵。长 1.3~1.5 mm，黑绿色，长圆柱形。卵刚产出时白绿色，渐变为黑绿色。不太饱满卵中部有凹陷，卵上常被有白色蜡粉粒。

（4）若虫。有卵生若虫和胎生若虫两种，形态多相似于无翅雌蚜，体形较小，新孵化若虫淡棕褐色，腹全为软腹，喙细长，相当于体长的 1.3 倍。

生活史： 一年发生 10 余代，以卵在松针上越冬。4 月上旬越冬卵陆续孵化为若虫，均为雌性，5 月上中旬出现无翅雌成虫进行孤雌胎生繁殖，6 月中旬出现有翅胎生雌虫，迁飞繁殖，10 月中下旬出现有翅雄、雌成虫，交尾后产卵越冬。

危害： 油松。以成虫、若虫刺吸干、枝汁液。严重发生时，松针尖端发红发干，针叶上也有黄红色斑，枯针、落针明显，松针上蜜露明显，远处可见明显亮点。当蜜露较多时，可沾染大量烟尘和煤粉，当煤污积累到一定的程度时，松树可得煤污病，影响松树生长。

居松长足大蚜（松大蚜）-孤雌蚜（怀来水口山-何建斌2023年6月拍摄）

24 柳瘤大蚜 *Tuberolachnus salignus* (Gmelin)

半翅目 大蚜科

分布范围：北京、河北、内蒙古、辽宁、吉林、黑龙江、上海、江苏、浙江、福建、山东、河南、四川、云南、西藏、陕西、甘肃、青海、宁夏、新疆、台湾。

识别特征：有翅蚜体长 4 mm 左右，体灰黑色，被有细毛，翅透明，翅痣细长。腹管扁平，足暗红褐色，后足特长。无翅蚜体长 4 mm 左右，体灰黑色，被有细毛，后足特长。腹部肥大，第 5 腹节背中央有锥形突起瘤，腹管扁平圆锥形，尾片半月形。无翅孤雌蚜体卵圆形。活体深褐色。玻片标本头部灰黑色，胸部、腹部淡色。触角黑褐色，胸部各节、腹部背片有缘斑。体表较光滑，微显不规则瓦纹及网纹。

柳瘤大蚜-孤雌蚜
（怀来植物园-何建斌 2020 年 10 月拍摄）

柳瘤大蚜-孤雌蚜
（怀来帝曼河滩-何建斌 2023 年 6 月拍摄）

生活史：一年发生 10 余代，以成虫在主干下部的树皮缝隙内越冬。翌年春季开始向上部活动，4—5 月大量繁殖盛发，形成灾害。7—8 月高温多雨，虫口密度明显下降。9—10 月再度猖獗为害，11 月下旬开始潜藏越冬。

危害：白柳、毛柳、垂柳。若蚜和成虫多群集在幼枝分权处和嫩枝上为害，吸食枝液，分泌蜜露，常引起煤污病发生，树下黏液一层。盛夏较少，形成春季和秋季两个发生盛期。树叶由于有层蜜露，太阳照射后，反光刺眼。

25 洋白蜡卷叶棉蚜 *Prociphilus fraxinifolii* (Riley)

半翅目 蚜科

分布范围：北京、河北。

识别特征：有翅孤雌蚜体被白色蜡粉，以腹后部最厚，丝状；体腹部淡黄绿色，头、胸部背面具黑褐色斑或大部黑褐色；触角浅褐色，6 节。无翅孤雌蚜体淡黄绿色，复眼红色，触角及足无色透明或淡黄色；喙较短，达中胸；无腹管；体被白色蜡粉，体后部的蜡粉多、长，呈条状，其上常滞留分泌的蜜露滴。

生活史：5月至10月下旬均可见，在卷叶内可见无翅孤雌蚜，7月及以后可见少量有翅蚜。

危害：洋白蜡、美国白蜡树、阔叶白蜡树、黑梣木、四棱梣木、墨西哥白蜡树和绒毛白蜡等白蜡属树木。寄生在洋白蜡枝梢复叶的小叶上，嫩叶卷曲呈团状，常常把众多小叶蜷缩在一起，分泌的蜜露也保留在卷叶内，也可从开口处下滴，使下方的叶片等遭受污染。

生物防治：天敌有异色瓢虫、大草蛉、黑带食蚜蝇、食虫齿爪盲蝽等。

洋白蜡卷叶棉蚜-为害状-白蜡
（延庆区-王长民2022年7月14日拍摄）

洋白蜡卷叶棉蚜-若虫-白蜡（延庆区-王长民2022年7月14日拍摄）

洋白蜡卷叶棉蚜-成虫（延庆区-王长民2022年7月14日拍摄）

26 槐蚜 *Aphis sophoricola* Zhang

半翅目 蚜科

分布范围： 北京、河北。

识别特征： 无翅孤雌胎生蚜体长约 2 mm，卵圆形，体漆黑或黑褐色，有光泽；有翅孤雌胎生蚜体长 2 mm，长卵圆形，黑色，光滑，灰白色，透明。

生活史： 5月至10月下旬均可见，在卷叶内可见无翅孤雌蚜，7月及以后可见少量有翅蚜。以成虫、若虫群集新梢吸食汁液为害，常引起新梢弯曲，叶卷缩，枝条受阻，其分泌物常引起煤污病。一年发生20余代，主要以无翅孤雌蚜、若蚜在背风、向阳处的地丁、野首野豌豆等植物的心叶及根茎交界处越冬；3—4月在杂草等寄主上大量繁殖，4月中旬产生有翅胎生雌蚜，刺槐初花期（5月上旬）迁飞至刺槐上繁殖为害。干旱少雨发生严重，高温高湿发生较轻。

危害： 刺槐、紫穗槐等。为害槐树嫩叶、嫩梢、豆荚；虫体盖满槐树枝梢、豆荚，常造成枝梢节间变短，幼叶生长停滞。

槐蚜（京张路-王长民2024年9月12日拍摄）

槐蚜-为害状（京张路-王长民2024年9月12日拍摄）

27 落叶松球蚜 Adelges laricis Vallot

半翅目 球蚜科

分布范围：黑龙江、辽宁、吉林、四川、北京、河北等地。

识别特征：无翅孤雌蚜体卵圆形，体长约0.9 mm，宽约0.48 mm。红褐色至黑褐色，被长蜡丝。体表光滑，具明显大型蜡片。头顶圆形；触角3节，第1、第2节近等长，第3节长约为第2节的3倍。背面蜡片发达，常覆蜡粉或蜡丝。头部与前胸之和大于腹部。足粗短，光滑；后足腿节长约为宽的2.5倍，胫节略长。无腹管；尾板末端平圆。

落叶松球蚜-为害状-落叶松
（延庆区佛爷顶-王长民2015年5月14日拍摄）

生活史：每2年完成1个生活周期。以从受精卵孵化出来的第1龄干母若虫在红皮云杉中下层小枝芽上越冬。5月上旬若虫开始取食，5月底云杉芽萌动，干母成熟，大量孤雌产卵。6月中旬已渐增大。7月末虫瘿开裂，老熟若虫爬出，在附近针叶上羽化，向兴安落叶松迁飞。孤雌产卵，8月中下旬孵化为第1龄伪干母，9月中旬开始越冬。翌年4月下旬若虫开始取食，脱皮3次，5月初成熟为伪干母，开始孤雌产卵。5月下旬部分卵孵化发育为有翅性母，向红皮云杉迁飞。6月初孤雌产卵，上旬孵化为雌、雄性蚜，7月初雌性蚜产受精卵，8月初受精卵孵化为第1龄干母，9月初开始在红皮云杉芽上越冬，完成为时2年的生活周期。

危害：红皮云杉、兴安落叶松。

28 秋四脉绵蚜 Tetraneura akinire Sasaki

半翅目 瘿绵蚜科

分布范围：北京、河北、河南、内蒙古、宁夏、甘肃、陕西、辽宁、山东等地。

识别特征：无翅孤雌蚜淡黄色，薄被白粉，近圆形，触角5节，足跗节1节，无腹管。有翅孤雌蚜头、胸黑色，腹部绿色；触角第3节有环状感觉圈9～14个，第4节为2～4个，第5节为8～11个；喙短粗，超过前足基节，端部有刚毛3对；前翅中脉单一，各翅脉镶黑边，后翅仅有一斜脉，无腹管。

生活史：一年发生10代，以卵在枝干裂缝等处越冬。翌年4月下旬孵化为干母若蚜，5月上旬在榆树叶面形成袋状虫瘿，干母潜伏其中为害。5月中旬干母老熟，在虫瘿中胎生仔蚜，5月下旬至6月上旬，有翅孤雌蚜长成，迁往高粱等根部胎生繁殖为害，9月下旬又产生有翅性母，飞回榆树枝干上产生性蚜，产卵越冬，每雌产1粒卵。

危害：榆。

秋四脉绵蚜-为害状
（延庆区佛爷顶-高立丽2024年6月11日拍摄）

秋四脉绵蚜-为害状
（延庆区佛爷顶-高立丽2024年6月11日拍摄）

29 杨柄叶瘿绵蚜 *Pemphigus matsumurai* Monzen

半翅目 瘿绵蚜科

分布范围：北京、黑龙江、辽宁、内蒙古、宁夏、贵州、云南、西藏。

识别特征：有翅孤雌蚜体椭圆形。头、胸部黑色，腹部淡色。体表光滑，头背除中央外有褶纹。气门椭圆形关闭，气门片突起骨化黑色。触角有环形感觉圈。喙短粗，达前中足基节之间，端部有刚毛2对。翅脉镶淡褐色边。无腹管。尾片半圆形、有微刺突构成横瓦纹，有2根或3根或短刚毛。尾板有短毛14根或15根。生殖板有长短刚毛30余根，横排3行。生殖突3个。

生活史：在叶片正面的叶柄基部形成长球形虫瘿，直径15～20 mm，瘿表粗糙不光滑，与叶同色或稍带红色，每叶以1瘿为多，部分2瘿。4月瘿内多为干母，5月中旬发育为若蚜和有翅蚜，每瘿内有有翅蚜近百头，6月虫瘿成熟后裂开，顶部表皮具次生开口，有翅蚜飞出。

危害：杨。

杨柄叶瘿绵蚜-为害状
（延庆区南辛堡-王长民
2014年6月3日拍摄）

杨柄叶瘿绵蚜（单瘿）-杨树
（延庆区南辛堡-王长民
2014年6月3日拍摄）

杨柄叶瘿绵蚜（虫瘿内）-杨树
（延庆区南辛堡-王长民
2014年6月3日拍摄）

30 杨枝瘿绵蚜 *Pemphigus immunis* Buckton

半翅目 瘿绵蚜科

分布范围：北京、黑龙江、吉林、辽宁、内蒙古、河北、河南、宁夏。

识别特征：有翅孤雌胎生蚜，长卵形，灰绿色，被白粉；触角6节；前翅4斜脉，中脉不分叉；后翅斜脉2条；第1～5腹节各有1对背中蜡线，第8腹节中蜡片1对，且相融合为横带状；蜡孔卵圆形；腹管环状，尾片盔形，腹板末端圆形。

生活史：春季在幼枝基部形成梨形虫瘿有原生开口。

危害：杨。

防治方法：

（1）保护天敌（瓢虫、草蛉、食蚜蝇、蚜茧蜂等）。

（2）人工剪除虫瘿。

杨枝瘿绵蚜-杨树（延庆区南辛堡-王长民2014年6月3日拍摄）

31 白蜡绵粉蚧 *Phenacoccus fraxinus* Tang

半翅目 粉蚧科

分布范围： 北京、山西、河南等大部分省份。

识别特征： 雌成虫紫褐色，椭圆形，腹面平，背面略隆起，分节明显，被白色蜡粉，前、后背孔发达，刺孔群18对，腹脐5个。雄成虫黑褐色，前翅透明，1条分叉的翅脉不达翅缘，后翅小棒状，腹末圆锥形，具2对白色蜡丝。若虫椭圆形，淡黄色，各体节两侧有刺状突起。雄蛹长椭圆形，淡黄色，茧长椭圆形，灰白色，丝质。卵囊灰白色，丝质。有长、短两型，表面有3条波浪形纵棱，长椭圆形，表面无棱纹。

生活史： 一年发生1代，以若虫在树皮缝、翘皮下、芽鳞间、旧踊茧或卵囊内越冬。翌年3月上中旬若虫开始活动取食。4月上旬为盛期，3~5日后雄虫羽化、交尾。4月初雌虫开始产卵，4月下旬为盛期，4月底至5月初产卵结束。4月下旬至5月底是若虫孵化期，5月中旬为盛期，若虫为害至9月以后开始

白蜡绵粉蚧-卵囊（怀来沙城惠安小区-何建斌2021年6月拍摄）

第一章 刺吸类害虫

越冬。雌虫取食期,从腺孔分泌黏液,布满叶面和枝条,如油渍状,招致煤污病发生。雌虫交尾后在枝干或叶片上分泌白色蜡丝形成卵囊,发生多时树皮上似披上一层白色棉絮。雌虫产卵量大,常数百粒产在卵囊内,卵期20天左右。

危害:白蜡、柿树、核桃、重阳木和悬铃木等。

32 草履蚧 *Drosicha corpulenta* (Kuwana)

半翅目 绵蚧科

分布范围:东北、华北、华东、华中、西北、西南地区。

识别特征:雌成虫体长10 mm,无翅,背面棕褐色,周缘橙红色边,腹面黄褐色,体表被霜状蜡粉。体扁,分节明显,呈"草鞋状",5~6 mm;雄成虫体长约5 mm,翅展约10 mm,红色,胸部背面黑色。前翅淡紫黑色,半透明,后翅为平衡棒。触角10节,环毛状。腹部末端具4根枝突。

生活史:一年发生1代,以若虫或卵囊在砖瓦石缝、土块和杂草根部越冬;1月中下旬若虫出蛰爬行上树,4月下旬雄若虫下树化蛹,6月上旬雌成虫下树产卵。以若虫和雌成虫在枝干,特别是嫩梢上刺吸为害。虫口密度大时,常爬满枝干、地面、墙壁等处,严重扰民。

草履蚧-雌成虫(怀来葡萄大道-何建斌2020年5月拍摄)

草履蚧-雄成虫(延庆区大庄科-王长民2019年5月18日拍摄)

危害:杨、柳、刺槐、板栗、核桃、桑、栎和苹果、桃等蔷薇科植物。

生物防治:保护天敌,如大红瓢虫、红环瓢虫、红点唇瓢虫、鸟类等。

33 毛白杨皱叶瘿螨 *Eriophyes disoar* Nalepa

真螨目 瘿螨科

分布范围： 河南、河北、山东、北京、天津等地。

识别特征： 雌成螨体长圆筒形，橘黄色有光泽，柔软，末端细而弯曲；背部盾板有纵皱纹6条，体腹有环节约80个，尾端有长毛2根；足2对。卵近球形，白色透明。幼螨体弯曲，白色透明。若螨前体段橘黄色，后体段透明；足2对。

生活史： 一年发生5代，以卵在受害芽内越冬。翌年4月初卵开始孵化，在芽内为害，4月中旬致使幼叶边缘卷曲组织增厚，带红色。幼螨约经10天、蜕皮2次后变为成螨，4月下旬成螨大量出现，受害叶、芽形成瘿球，逐渐增大，大者直径达15 cm。5月初在瘿球内产第1代卵。5月至6月中旬瘿球基本脱光。5月上旬若螨离球在枝上爬行，再度侵芽，世代重叠，10月在芽内产卵越冬。

危害： 毛白杨。

毛白杨皱叶瘿螨-叶片为害状（京银路-王长民2012年5月17日拍摄）

毛白杨皱叶瘿螨-杨树为害状（延庆区沈家营-王长民2010年5月24日拍摄）

34 栎空腔瘿蜂 *Trichagalma glabrosa* Pujade-Villar & Wang

半翅目 瘿蜂科

分布范围：河南、北京。

识别特征：体长3.2~3.8 mm。后头、上颚边缘及触角深褐色，脸上部、头顶、前胸背板侧面和前面、中胸侧板前部和基部、小盾片前面和侧面的条纹线、盾片窝、前腋、腋下区侧面、中胸盾片、并胸腹节褐色，体被稀疏白色刚毛，翅脉黑褐色。

生活史：栎空腔瘿蜂一年发生1代，以有性世代成虫越冬，4月中旬成虫开始活动，产卵于栓皮栎嫩叶侧脉中，栎树叶片受害状最早出现在4月下旬，为害部位在栎树叶片。

危害：栓皮栎。以幼虫刺激栓皮栎叶片被害处形成球状虫瘿，不仅影响叶片的光合作用，而且极度消耗树体营养，严重削弱树势，造成叶片早落。

生物防治：利用天敌长尾小蜂、广肩小蜂和金小蜂防治。

栎空腔瘿蜂-虫瘿（延庆区千家店平台子-王长民2020年6月30日拍摄）

35 呢柳刺皮瘿螨 *Aculops niphocladae* Keifer

真螨目 瘿螨科

分布范围：华北、华东、华中。

识别特征：成虫体长3.0~3.5 mm，浅绿略带黄色，冬型深褐色至黑褐色；前翅透明，长椭圆形，有黑色缘纹4条，中间主脉1条，分3支，又各分2支。若虫体略扁，初孵化体黄白色，后变绿色，复眼红色，腹部略黄色。体微小或小。成螨与若螨有 4 对足，幼螨只有 3 对足；一部分瘿螨只有 2 对足，跗线螨有 3 对足。

生活史：一年发生多代，以成螨在芽鳞间、枝条裂缝或凹陷处越冬。在变态上一般经过卵、幼螨、若螨和成螨 4 个时期。

危害：柳树。成螨、若螨刺吸柳树叶片，形成珠状虫瘿，初期为绿色，中期为红色，后期为褐色；借助风、昆虫和人畜传播。被害叶片上有数十个虫瘿，严重时，叶黄脱落。

呢柳刺皮瘿螨-为害状（王长民 2010 年 8 月 30 日拍摄）

第二章 蛀干类害虫

36 白蜡哈氏茎蜂 *Hartigia viatrix* Smith

半翅目 茎蜂科

分布范围： 华北。

识别特征： 雌成虫体长 11～15 mm，雄成虫体长 8.5～10 mm。黑色，有光泽，分布有均匀的细刻点；触角丝状，27 节，鞭节褐色；翅透明，翅痣、翅脉黄色。雄成虫触角 24～26 节。

幼虫乳白色或淡黄色，体长约 12 mm，头部圆柱形，浅褐色，腹部 9 节，乳白色或淡黄色。蛹为离蛹。

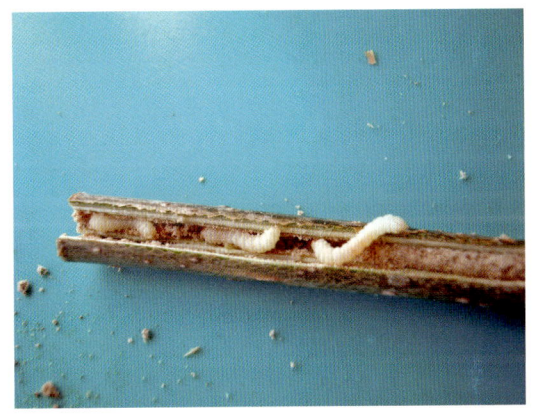

白蜡哈氏茎蜂-为害状（王长民 2006 年 6 月 12 日拍摄）

生活史： 一年发生 1 代，以老熟幼虫在一年生枝条髓部越冬；白蜡树当年生枝条长约 20 cm 时（4月中下旬），成虫开始羽化。老熟幼虫越冬前横向啃食木质部，蛀孔仅留枝条表皮，在枝条上形成直径 5～7 mm 的圆形或椭圆形褐色斑，斑点中央有一个直径为 2 mm 的透明状羽化孔；被害枝梢易风折。

危害： 白蜡。以幼虫蛀食为害生长旺盛的当年生嫩枝髓部为主，其排泄物充满蛀道，被害枝梢呈"竹筒"状，叶片干枯，并造成大量被害枝梢枯萎。

白蜡哈氏茎蜂-为害状（王长民 2006 年 6 月 12 日拍摄）

防治方法： 结合冬季树木修剪，消灭越冬幼虫。一般在冬季修剪时，剪除有褐色斑点的枝条，集中烧毁，减少越冬幼虫的数量。

白蜡哈氏茎蜂-幼虫（王长民2006年6月12日拍摄）

37 白蜡窄吉丁 *Agrilus planipennis* (Fairmaire)

鞘翅目 吉丁虫科

分布范围： 北京、河北、天津、内蒙古、东北、新疆、山东、台湾。

识别特征： 成虫体长7.5～13.5 mm，宽2.5～40 mm；狭长，楔形；具铜绿色、蓝色、黑色等金属光泽；密被灰绿色短毛头扁平，顶端盾形；触角11节，锯齿状。前胸背板横长方形。鞘翅密被刻点，近基部小盾板两侧具凹，末端圆边缘具小齿。腹部第1、第2节腹板愈合。

生活史： 一年发生1代，以老熟幼虫在蛀道末端木质部浅层内越冬；成虫发生期为4月至6月下旬；幼虫为害期为6月下旬至10月中旬，幼虫多在枝干浅表层为害，8月后部分幼虫进入木质部。

危害： 洋白蜡、水曲柳、花曲柳。

防治方法： 合理造林，造林时应避免单一的白蜡树种，宜营造混交林。伐除死树，减少翌年虫源。保护天敌，加强生物控制作用。保护啄木鸟。

白蜡窄吉丁-幼虫
（延庆张山营-王长民2016年7月13日拍摄）

第二章 蛀干类害虫

白蜡窄吉丁-羽化
（怀来湿地公园-何建斌2023年6月拍摄）

白蜡窄吉丁-羽化孔
（怀来北山公园-何建斌2022年7月拍摄）

白蜡窄吉丁-蛀道
（延庆张山营-王长民2016年7月13日拍摄）

白蜡窄吉丁-成虫
（怀来狼山林场-何建斌2023年5月拍摄）

38 松阴吉丁 *Phaenops yin* (Kubáň & Bíly)

鞘翅目 吉丁虫科

分布范围：北京、河北。

识别特征：卵白色，圆形或椭圆形，绝大部分单产，少数2粒或3粒卵产一起。

各龄期幼虫刚蜕皮时纯白色，一段时间后体变黄；背面观幼虫前胸背板刻点区域圆形，最端部有一深色斑点，中央一对长"八"字形刻纹伸达圆形刻点区域基缘处；腹面观前胸腹板中部刻点区域长椭圆形，中部一条纵刻纹平分刻点区域。

松阴吉丁-幼虫
（怀来五营梁-何建斌2018年9月拍摄）

裸蛹，长 10～13 mm，宽 4.0～4.7 mm。蛹一般淡黄色，快羽化 1～2 天时颜色逐渐变黑绿色，先头部然后腹部腹面，最后腹部背面和翅变为成虫颜色。

成虫深黑绿色，具铜色光泽，体腹面黑色，具 2 种明显不同的光泽：头胸部具铜绿色光泽，腹部具蓝绿色光泽。体长 10.5～11.6 mm，体宽 4.0～4.2 mm，头部、前胸背板、鞘翅具黑绿色金属反光。触角 11 节，黑褐色具绿色光泽，颜色较身体其他部位深，散生稀疏的白色绒毛；复眼长椭圆形。前胸背板宽为中长的 1.57 倍。小盾片方形，中央略内凹。鞘翅上部表面布满粗的横纹形刻槽纹，下半部为双点式刻纹，分布更密；鞘翅端部弧形收缩，侧缘中下部锯齿状，端部锯齿大而密。

生活史：北京地区一年发生 1 代。7 月初调查时发现老熟幼虫在皮下做成越冬室，越冬室为规则的椭圆形，老熟幼虫呈"U"形蜷缩在内。翌年 3 月幼虫开始活动，就近在松树表皮下的木栓层或韧皮部中化蛹，少量幼虫会蛀入浅层木质部化蛹，4 月底到 7 月初均可见成虫羽化，成虫期较长，发育不整齐。

危害：油松。

防治方法：饵木防治。通过在林间人工设置诱饵木，吸引成虫集中产卵，然后对诱饵木进行无害化处理，降低林间虫卵的密度。

生物防治措施。害虫以老熟幼虫在越冬室内越冬，幼虫期较长，幼虫期喷涂农药的效果较差，此期间应该注意对天敌的保护，如增加人工鸟巢及保护助引啄木鸟等益鸟。

松阴吉丁-蛀道
（延庆程家窑-王长民 2020 年 3 月 30 日拍摄）

松阴吉丁-成虫
（怀来五营梁-何建斌 2019 年 5 月拍摄）

39 薄翅锯天牛（中华薄翅天牛）Megopis sinica (White)

鞘翅目 天牛科

分布范围：全国各地。

识别特征：成虫体长约 50 mm，深褐或赤褐色；头部密布刻点和褐毛；鞘翅宽于前胸，向后逐渐收缩，翅面有明显纵凸线和细刻点。卵椭圆形，乳白色。幼虫体较粗短，乳白色，长约 66 mm；前胸背板浅黄色，中央有纵线 1 条，中线两侧有凹陷斜纹 1 对。蛹体长 35～55 mm，乳白至黄褐色。

生活史：两年发生 1 代，以幼虫在寄主蛀道内越冬。6—7 月成虫羽化，啃食树皮补充营养，产卵于树干上，卵期 20 多天。孵化后的幼虫从树皮蛀入木质部，其后向上、下蛀食，为害到秋后在树内越冬。翌年春季继续为害，5 月幼虫老熟，并在靠近树表做蛹室化蛹。

危害：杨、柳、榆、松、杉、白蜡、桑梧桐、油桐、法桐、海棠、苹果、枣、板栗等。

薄翅锯天牛（延庆大庄科乡-王长民2024年7月6日拍摄）

40 刺槐绿虎天牛（槐绿虎天牛） *Chlorophorus diadema* (Motschulsky)

鞘翅目 天牛科

分布范围：黑龙江、吉林、内蒙古、甘肃、河北、陕西、山西、山东、江苏、湖北、福建、台湾、广西、四川。

识别特征：体长 10～12 mm。体黑褐色或黑色，被灰黄色绒毛。头顶无毛，密布刻点；触角第 1 节比第 3 节粗大，稍长。前胸背板中央具无毛区，大。鞘翅基部具灰黄色绒毛，基 1/3 具一个类似于"火"字形的灰白色斑，翅基 1/3 处及翅端具灰白色横带。

生活史：北京 6—8 月可见成虫，访枣、长蕊石头花等植物的花。幼虫蛀食四合木、杨、刺槐、槐樱桃、桦、枣、柳等枝干，也可蛀食房梁椽和竹、木家具等。

危害：槐、刺槐、杨、柳、桦、泡桐、枣、山楂、石榴、樱桃、葡萄等。

刺槐绿虎天牛-成虫（怀来茨儿山-何建斌2022年6月拍摄）

41 光肩星天牛 *Anoplophora glabripennis* (Motschulsky)

鞘翅目 天牛科

分布范围：华北、东北、陕西、宁夏、甘肃、华东、华中、广西、西南等。危害严重地区有北京市延庆区，河北省张家口市怀来县、赤城县。

识别特征：成虫体黑色，有光泽。雌虫体长22～35 mm，雄虫体长20～29 mm，前胸两侧各有1个刺突，鞘翅上有大小不等、排列不规则的白色或黄色绒斑。卵乳白色，稍弯曲，似"黄瓜籽"。幼虫乳白色，老熟幼虫身体带黄色，体长约50 mm，足退化。蛹全体乳白色至黄白色。

生活史：幼虫3月开始活动为害，5月中旬至8月下旬，在枝干可以发现成虫活动。

危害：柳、杨、榆、糖槭、银红槭、元宝枫、桑、刺槐、法桐、樱花、苹果等。幼虫在枝干木质部内蛀食为害，发生严重时造成树木死亡。

生物防治：5月上旬，在树干上有虫粪的虫孔旁悬挂花绒寄甲卵卡或成虫。

光肩星天牛-为害状
（怀来沙赤路-何建斌2024年7月拍摄）

光肩星天牛-卵槽
（怀来东花园-何建斌2015年7月21日拍摄）

光肩星天牛-幼虫
（延庆区永宁镇-王长民2016年4月23日拍摄）

光肩星天牛-羽化孔
（怀来沙赤路-何建斌2024年7月拍摄）

光肩星天牛-成虫
（怀来拦河坝-何建斌2022年7月拍摄）

42 褐梗天牛 *Arhopalus rusticus* (Linnaeus)

鞘翅目 天牛科

分布范围：北京、河北、内蒙古、东北、陕西、宁夏、甘肃、山东、浙江、河南、湖北、四川、云南。

识别特征：成虫体长10～30 mm。体浅棕色至深棕色，雌虫常黑褐色。雄虫触角达体长的3/4，雌虫只达1/2，触角第2节长是第3节的1/2，第3节长于第4节，稍短于第5节，第6节起明显变细。前胸背板宽大于长，中央具1个细纵凹，与前后方的2个横凹槽相连，两侧尚有1个纵向小凹槽。鞘翅后端圆，除鞘缝处隆起外，可见2条明显的细隆脊。足第4跗节分裂几达基部。

生活史：幼虫喜欢蛀食生长衰弱的松树，也会蛀食云杉、冷杉、落叶松、柏、日本柳杉、刺柏等，多在0.5 m以下的树干或建筑木料。北京6—8月可见成虫，具趋光性。

危害：赤松、柳杉、日本扁柏、桧柏、冷杉、柏属等。

褐梗天牛-成虫（怀来水口山-何建斌2024年5月拍摄）

43 黑角伞花天牛 Stictoleptura succedanea (Lewis)

鞘翅目　天牛科

分布范围：河北、北京、山西、黑龙江、吉林、陕西、甘肃、四川、华东、华中。

识别特征：体长12.0～22.0 mm，黑色。与赤杨伞花天牛近似，主要区别特征为前胸背板和鞘翅赤褐色，有光泽；触角第3节最长，末节短，不与3节等长；前胸背板中央有1条不明显纵线，后缘浅波状，中部稍后突，外侧角不明显；足有灰黄色细毛，后足第1跗节不长于第2、第3节之和。

生活史：北京6—7月可见成虫。

危害：赤杨、松等。

黑角伞花天牛（延庆区张山营-王长民2006年7月15日拍摄）

44 槐黑星瘤虎天牛 *Clytobius davidis* (Fairmaire)

鞘翅目 天牛科

分布范围：北京、河北、山东、河南、湖北、湖南、江苏。

识别特征：成虫体长 10～20 mm。复眼内凹处、前胸背板近两侧前后各具 1 黄色或土黄色斑；触角第 3～5 节基部及第 6～7 节具浓密白色绒毛；鞘翅淡褐色，两鞘翅共有 19 个黑斑，两侧中部的斑呈钩状。

生活史：一年一代，以蛹越冬。幼虫蛀食槐榆、桑、枣、臭椿等衰弱树的枝干，在形成层内蛀食，虫粪堆积在蛀道内，仅少量外排；北京 4 月初即可见成虫，不活跃。

危害：国槐、桑、榆、杨。

槐黑星瘤虎天牛-成虫（怀来马营屯-何建斌2023年4月拍摄）

45 家茸天牛 *Trichoferus campestris* (Faldermann)

鞘翅目 天牛科

分布范围：全国广泛分布。

识别特征：成虫体长 9～22 mm。体棕褐色至黑褐色，被灰褐色绒毛。雄虫触角长达鞘翅端部，雌虫稍短；第 1 节与第 3 节等长。前胸背板长宽近相等，前缘略宽于后缘，两侧缘弧形。小盾片棕黄色。鞘翅两侧近于平行，近后端稍窄。

生活史：一年一代，以幼虫在受害枝干内越冬。翌年 3 月活动，在皮层下木质部钻蛀，向外排出碎屑。5 月下旬成虫开始羽化。橡木等受害后，可在地面见到大量粉末状木屑。北京 5—7 月可见成虫，具趋光性。卵期 10 天左右，孵化的幼虫钻入木质部与韧皮部之间，蛀成不规则的扁宽坑道。

危害：刺槐、油松、云杉、枣、丁香、杨、柳、黄芪、苹果柚、桦木。

家茸天牛-成虫（怀来火烧营-何建斌2021年7月拍摄）

46 苜蓿多节天牛 *Agapanthia amurensis* Kraatz

鞘翅目 天牛科

分布范围：华北、东北、西北、华中、华东、四川。

识别特征：体长10～17 mm。体深蓝黑色，触角自第3节起各节基部被淡灰白色绒毛，第1和第3节端部具毛刷状簇毛。

生活史：幼虫蛀食苜蓿及菊科植物的根茎；北京5—6月可见成虫，多见于蒿属植物上，也可见于牛扁、独活等植物上。

危害：苜蓿、菊科等。

苜蓿多节天牛-成虫（怀来水口山-何建斌2023年7月拍摄）

47 青杨天牛（青杨楔天牛） *Saperda populnea* (Linnaeus)

鞘翅目 天牛科

分布范围： 华北、东北、西北、华东、华中。危害严重地区为河北省张家口市怀来县存瑞镇、王家楼乡；赤城县大海陀国家级自然保护区、赤城镇、龙关镇、雕鄂镇、后城镇、大海陀乡。

识别特征： 成虫雌体长 12~14 mm，黑色，前胸背板两侧各有黄褐色纵纹 1 条，鞘翅上密生黄褐色绒毛，每个鞘翅各有橙黄色毛斑 5 个；触角 12 节，稍短于体长。雄体长 10~11 mm，与雌体相比鞘翅较黑，鞘翅上绒毛斑有时消失，触角稍长于体。卵初产时黄白色，后黄褐色，长约 2.5 mm，纺锤形。幼虫老熟时体长 15~21.5 mm，淡黄色，前胸背板硬化，其上深褐色粒状小点组成"凸"字形斑。蛹体淡褐色，裸蛹，长约 12 mm。

生活史： 一年发生 1 代，以老熟幼虫在枝条虫瘿内越冬。翌年 3 月末至 4 月中旬化蛹，5 月上旬为成虫羽化盛期。成虫羽化后 1~2 天开始交尾、产卵，5 月中旬开始卵孵化。幼虫喜在 5~8 mm 粗的枝条上咬破皮层进入木质部取食，受害部位受刺激而膨大为虫瘿，8 月末幼虫逐渐老熟，10 月下旬老熟幼虫开始越冬。

危害： 杨。

生物防治： 保护和利用天敌，如青杨天牛姬蜂、茧蜂和啄木鸟等。

青杨天牛-为害状
（怀来陈家铺-何建斌2021年5月拍摄）

青杨天牛-幼虫
（延庆区张山营-王长民2020年7月29日拍摄）

青杨天牛-蛹（怀来陈家铺-何建斌2012年4月23日）

青杨天牛-成虫（怀来陈家铺-何建斌2021年5月拍摄）

48 双条杉天牛 *Semanotus bifasciatus* (Motschulsky)

鞘翅目 天牛科

分布范围： 北京、宁夏、河北、黑龙江、上海、江苏、安徽、福建、江西、河南、广西、四川。

识别特征： 成虫体长约16 mm，圆筒形，略扁，黑褐或棕色；前翅中央及末端有黑色横宽带2条，带间棕黄色，翅前端为驼色。卵长约1.6 mm，长椭圆形，白色。幼虫老熟时体圆筒形，略扁，体长约15 mm，乳白色；触角端部外侧有细长刚毛5支或6支。蛹体长约15 mm，淡黄色。

生活史： 北京大多一年一代，以成虫越冬，少数两年一代，以幼虫和蛹越冬。北京3—5月出现成虫，常大量幼虫蛀食侧柏圆柏、扁柏、罗汉松等树的衰弱木、枯立木及新伐木、倒木的皮层。

双条杉天牛-侧柏-为害状（延庆区千家店-王长民2018年7月12日拍摄）

危害： 柏、桧、松、杉。

生物防治： 成虫期悬挂信息素诱捕器诱集成虫。幼虫期（5月末以前）释放蒲螨或肿腿蜂等天敌昆虫。

第二章 蛀干类害虫

双条杉天牛-幼虫
（延庆区千家店-王长民2018年7月12日拍摄）

双条杉天牛-蛹（延庆区千家店-王长民
2006年10月12日拍摄）

双条杉天牛-成虫（怀来拦河坝-何建斌2021年4月拍摄）

49 四点象天牛 *Mesosa myops* (Dalman)

鞘翅目 天牛科

分布范围：华北、东北、西北、安徽、浙江、台湾、河南、湖北、广东、四川、贵州。

识别特征：成虫体长8～15 mm，宽约7 mm，椭圆形，黑色，被灰色短绒毛，杂有黄色毛斑；前胸背板中区有黑斑4个（前2斑长大，后2斑短小）；鞘翅上有许多黄、黑斑，中段中央每翅有不规则大型黑斑1个。卵乳白色，椭圆形，长2～2.5 mm。幼虫体长圆筒形，稍扁，乳白色，老熟时体长约25 mm，腹部步泡突具1条横沟及2横列光滑的瘤突，第9腹节背中有小型尾刺1根。蛹体乳黄色裸蛹，长10～14 mm。

生活史： 北京两年发生 1 代，以成虫在落叶层下、寄主树干裂缝内越冬，或以幼虫在枝干蛀道内越冬。越冬成虫 5 月开始活动，取食嫩枝皮，在离地 2 m 范围内的干枝裂缝等处产卵，覆以胶质物每处产卵 1 粒，每个雌虫产卵约 30 粒，幼虫在韧皮部和边材间钻蛀为害，不规则蛀道内充塞虫粪和木屑，10 月初在蛀道内越冬，翌年继续为害，7—8 月在蛀道内化蛹，8 月羽化飞出，并越冬。

四点象天牛-蛹（怀来八营-何建斌 2019 年 8 月拍摄）

危害： 柳、杨、榆、核桃、栎属、槭属赤杨、水曲柳、柏、苹果属等。

四点象天牛-羽化
（怀来八营-何建斌 2019 年 8 月拍摄）

四点象天牛-成虫
（怀来白龙潭-何建斌 2023 年 6 月拍摄）

50 松幽天牛 *Asemum striatum* (Linnaeus)

鞘翅目 天牛科

分布范围： 华北、东北、西北、山东、浙江、四川。

识别特征： 成虫体黑褐色，密生灰白色绒毛，腹面有显著光泽；前胸背板宽大于长，侧缘弧形，胸中央少许凹陷；鞘翅两侧平行，端缘圆形，翅面上有纵脊，前缘具横皱。幼虫体圆柱形，前胸背板基宽前端有黄色横斑，侧区密生红棕毛。

生活史： 一年发生 1 代，6—7 月出现成虫，成虫趋光性很强。

危害： 松、杉。幼虫为害新伐倒木和衰弱树主干，蛀道椭圆形。

生物防治： 释放蒲螨寄生成虫、幼虫体。

松幽天牛-成虫（怀来麻黄峪-何建斌2022年5月拍摄）

51 桃红颈天牛 *Aromia bungii* Falderman

鞘翅目 天牛科

分布范围：全国广泛分布。

识别特征：成虫体黑色，有光亮，体长28～37 mm，前胸背面大部分为光亮的棕红色，前胸两侧各有刺突1个，背面有4个瘤突。

生活史：一般2年（少数3年）发生1代，以幼龄幼虫（第一年）和老熟幼虫（第二年）越冬。成虫于5—8月出现。河北于7月上中旬盛见；北京7月中旬至8月中旬为成虫出现盛期。幼虫多由上向下蛀食，可达主根分叉处，干部每隔一定距离有一个排粪孔，在树干的蛀孔外及地面上常大量堆积红褐色粪屑；主要为害7年以上大树。

危害：碧桃、桃、樱桃、苹果、梨、杏、榆、紫叶李等。幼虫在树干内蛀食为害，蛀孔外及地面上常堆积大量红褐色粪屑，造成树皮剥离，导致树木衰弱甚至枯死。

桃红颈天牛-为害状（怀来沙城理想小区-何建斌2024年6月拍摄）

桃红颈天牛-幼虫（怀来文化广场-何建斌2016年6月拍摄）

桃红颈天牛-成虫（怀来沙城理想小区-何建斌2024年6月拍摄）

52 小灰长角天牛 *Acanthocinus griseus* (Fabricius)

鞘翅目 天牛科

分布范围：北京、河北、内蒙古、东北、西北、华东、江西、广东、湖北、广西、贵州。

识别特征：成虫体黑褐色，被灰绒毛，触角特长；前胸背板有许多横脊线和粗刻点，前端有黄毛斑4个呈一横列；鞘翅被黑褐、褐或灰色绒毛，在中部及末端各成一宽横带，显现出横斑2条。幼虫体长而细扁，额上8孔呈一横列，前胸背板后有粗糙红区2个。

生活史：北京一年发生1代，以成虫在蛹室内越冬。翌年5月成虫咬一圆孔飞出，6月产卵于衰弱的寄主树干。新孵幼虫先在韧皮部蛀食，后蛀入木质部表层，于8月末开始化蛹，羽化成虫即在蛹室内不飞出而越冬。

危害：松、杉、栎属。

生物防治：释放蒲螨寄生成虫、幼虫。

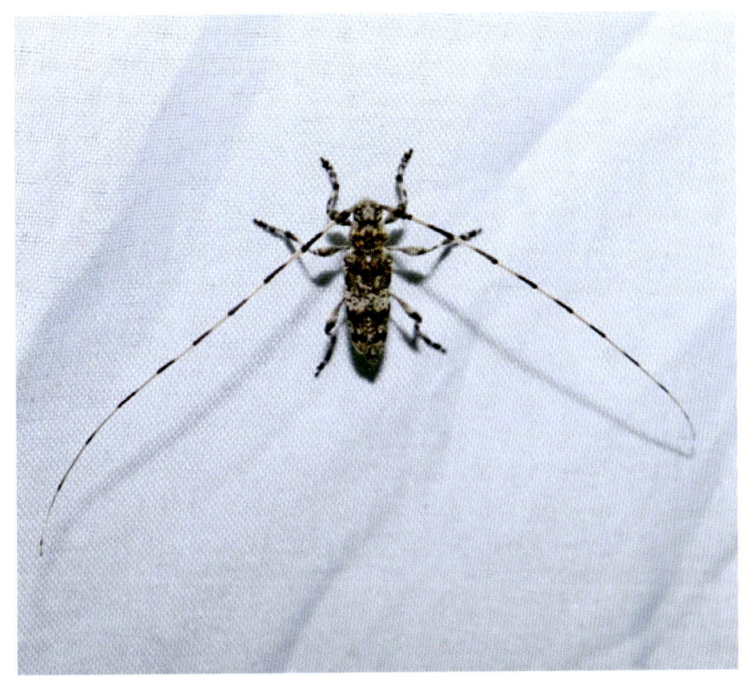

小灰长角天牛-成虫（延庆六道河-王长民2023年9月5日拍摄）

53 锈色粒肩天牛 Apriona swainsoni (Hope)

鞘翅目 天牛科

分布范围：北京、河北、辽宁、陕西、华东、华中、华南、四川、贵州、云南。

识别特征：成虫体长31～42 mm；体黑褐色，密被锈红色白色绒毛斑，前胸背板中央有大颗粒状瘤突，鞘翅上密布白斑，基部有黑褐色光亮的瘤状突起。幼虫体管圆形，乳白色，微黄，老龄时体长约76 mm，前胸宽大，背板较平。

生活史：两年发生1代，以幼虫越冬。蛀食直径10 cm以上的大枝或主干，具排粪孔。7—8月可见成虫。羽化孔较大，似一分钱硬币大小；幼虫在枝干内横向往复蛀食，蛀道呈"Z"形；为害初期，在树干可见黑褐色液滴流出，后期受害处隆起，呈"关节状"，被害树叶片发黄，枝条干枯，树皮腐烂脱落，甚至整株死亡。成虫具有取食新梢嫩皮的习性，受害小枝木质部外露，呈明显白色。

危害：国槐、龙爪槐、蝴蝶槐、金枝槐、女贞和柳树等。北京市补充林业检疫性有害生物。

锈色粒肩天牛-成虫（延庆米家堡-王长民2013年7月14日拍摄）

54 沟眶象 *Eucryptorrhynchus scrobiculatus* (Motschulsky)

鞘翅目 象甲科

分布范围： 北京、河北、东北、山西、陕西、宁夏、甘肃、青海、华东、台湾、华中、四川、贵州。

识别特征： 成虫体长15.0～18.5 mm。体黑色，前胸鞘翅基部及端部具大片的白色和黄（红）褐色鳞片，体背散布灰白色鳞片。鞘翅上的刻点粗大，行纹宽。足腿节内侧具1齿。幼虫乳白色，圆形，体长30 mm。

生活史： 一年发生1代，以成虫和幼虫在树干周围土（20～30 cm处）越冬。幼虫蛀食臭椿、千头椿；北京6—9月可见成虫。

危害： 臭椿、千头椿等。

防治方法： 利用成虫多在树干上活动、不喜飞和有假死性的习性，在5月上中旬及7月底至8月中旬捕杀成虫。成虫盛发期，在距树干基部30 cm处缠绕塑料布，使其上边呈伞形下垂，塑料

沟眶象-蛹（正面）
（延庆区妫河-王长民2006年7月24日拍摄）

沟眶象-蛹（腹面）
（延庆区妫河-王长民2006年7月24日拍摄）

第二章 蛀干类害虫

布上涂黄油，阻止成虫上树取食和产卵为害。

沟眶象-成虫（怀来沙城-何建斌2017年7月拍摄）

沟眶象-成虫交尾（怀来沙城-何建斌2023年5月拍摄）

55 臭椿沟眶象 *Eucryptorrhynchus brandti* (Harold)

鞘翅目 象甲科

分布范围：华中、华东、华北、辽宁。

识别特征：成虫体长9.0～11.5 mm，体黑色，前胸背板大部、鞘翅肩角及翅端1/4～1/3处密被白色鳞片，散布少数赭色和白色鳞片。卵长圆形，黄白色。幼虫长约15 mm，乳白色。蛹体裸蛹，黄白色。

生活史：一年发生1代，以成虫和幼虫越冬，幼虫在树干内，成虫在树干周围表土下越冬。幼虫蛀食臭椿、千头椿（多为幼树和衰弱树），入侵多从主干分叉处开始，有流胶现象。在树干上的羽化孔呈圆坑形。北京4—9月可见成虫。常与沟眶象一同发生,但臭椿沟眶象的数量明显较多。

危害:臭椿、千头椿、苦楝、桑、杨树、柳树、榆等。主要以幼虫蛀食寄主枝、干和根,成虫补充营养时取食寄主叶柄、叶片及小枝皮层,被害树木轻则枝枯,重则整株死亡。

防治方法:可使用捕虫网防治,从根部到离地1 m处围绕树木缠绕细网兜防止幼虫上树。

臭椿沟眶象-幼虫(延庆区大榆树-王长民2012年4月22日拍摄)

臭椿沟眶象-成虫-臭椿(延庆区下板泉-王长民2019年6月14日拍摄)

56 杨干象(杨干隐喙象) *Cryptorrhynchus lapathi* (Linnaeus)

鞘翅目 象甲科

分布范围:北京、河北、陕西、宁夏、甘肃、新疆、内蒙古、山西、东北。

识别特征：体长 7.0～9.5 mm；体密被灰褐色鳞片，前胸背板两侧和鞘翅后端 1/3 处具明显的白色鳞片，并混有直立的黑色鳞片簇；前胸背板中央具 1 条细纵隆线；鞘翅于翅端 1/3 处向后倾斜，并逐渐缢缩。

生活史：一年发生 1 代，以初孵幼虫和卵在枝干皮下越冬。为重要的检疫性林业害虫。成虫产卵于叶痕或裂皮缝的木栓层中。幼虫在韧皮部与木质部之间环绕蛀食，上部枝条或主干枯死，受风易折断。8 月中旬至 10 月可见成虫。

危害：北京杨、小叶杨、小黑杨、加杨、新疆杨、旱柳、黄花柳、赤杨、矮桦等。

杨干象-为害状（延庆区千家店-王长民2008年7月26日拍摄）

防治方法：

（1）营造混交林。

（2）在成虫期，利用成虫振落下地后的假死性，进行人工捕杀，或在初孵幼虫期用刀片将虫子挖出后消灭。

（3）保护杨干象鸟类天敌，人工招引啄木鸟等。

杨干象-为害状
（延庆区千家店-王长民2008年7月26日拍摄）

杨干象-幼虫
（延庆区千家店-王长民2008年7月26日拍摄）

57 北京枝瘿象　*Coccotorus beijingensis* (Lin et Li)

鞘翅目　象甲科

分布范围：北京、河北。

识别特征：曾用名为赵氏瘿孔象甲。体长 5.8~6.6 mm。红褐色至黑褐色，密布灰白色或黄褐色长毛，前胸背板、小盾片和鞘翅上具不规则黑斑。喙较长，雄虫的喙约为头胸长之和，雌虫的长于头胸之和。鞘翅细长，长为宽的两倍。前足腿节端 1/3 处有一个扁三角形刺。

北京枝瘿象-幼虫-小叶朴（延庆区珍珠泉转山子村-王长民2020年7月16日拍摄）

生活史：一年发生 1 代，以成虫在树冠上的虫瘿内越冬。幼虫主要在当年生枝条的端部为害，受害部位增生并形成圆球状虫瘿，严重发生时，树冠形成大量虫瘿；虫瘿初期黄绿色，质地幼，后变为灰白色，瘿壳坚硬，冬季变为灰褐色；成虫啃食新萌发的叶芽补充营养，并造成叶芽缺损；成虫假死性强，但遇有刺激不易落地。8 月下旬可在虫瘿内见到成虫，野外可在 4 月见到成虫。

危害：小叶朴和大叶朴，在小枝上形成虫瘿，远看好似一个个小棒形的果实。

北京枝瘿象-蛹（八达岭林场-王长民2020年8月26日拍摄）

北京枝瘿象-成虫（延庆区大庄科-王长民2007年10月23日拍摄）

58 松梢象（松黄星象） *Pissodes nitidus* Roelofs

鞘翅目 象甲科

分布范围：北京、河北、河南、东北。

识别特征：卵椭圆形，长 1.2 mm，宽 0.4 mm，乳白色，松梢象的卵产在树木当年生嫩梢的髓心里的产卵孔内。老熟幼虫体长约 8 mm，乳白色，头部淡褐色。成虫体长 5.5～7.5 mm。体淡红色，有光泽；前胸背板有 2 个白色斑点；小盾片密布白色鳞片；鞘翅有 2 条横带，前 1 条为锈红色，后 1 条为白色，但外侧被锈黄色斑所断开，鞘缝两侧具白色鳞片，鞘翅端部 1/4 强收缩明显。

生活史：一年发生 1 代，以成虫在枯枝落叶层下越冬。

危害：红松、油松；成虫在一年生小枝上进行营养补充（呈小孔穴），幼虫食松枝。

防治方法：及时剪除被害枝梢，集中用火烧掉。保留部分伴生树种。保护寄生天敌。

松梢象-成虫（延庆区四海南湾-王长民 2021 年 4 月 22 日拍摄）

59 松树皮象 *Hylobitelus abietis haroldi* Faust

鞘翅目 象甲科

分布范围：北京、河北、陕西、山西、四川、云南、东北。

识别特征：成虫体长 9～13 mm。体壁红褐色至黑褐色，体背具斑纹，由或深或浅的黄色针状鳞片构成；前胸背板两侧近中部各有 2 个小盾片，鞘翅基部 1/4 及端部 1/3 各具一横带，两带间具"X"形纹（这些斑纹上的鳞片可丢失而不明显）。前足腿节端半部膨大，内侧端部凹陷，一侧具齿。卵椭圆形白黄色，透明。幼虫老龄体白色，无足微弯，齿形上颚强大。蛹体白色，布

松树皮象-成虫（延庆区张山营-王长民 2021 年 6 月 10 日拍摄）

满刺,腹端有大刺1对。

生活史:北京一年发生2代,以成虫越冬。越冬成虫在地表交尾,产卵于新伐根皮层上或泥土中,每个雌虫产卵60~120粒,孵化后取食伐根皮层与木质部浅层幼虫5龄,在皮层与边材间做蛹室化蛹,成虫羽化后越冬。

危害:松、杉、椴、柳、杨、丁香、槭属。

60 日本双棘长蠹 *Sinoxylon japonicus* (Lesne)

鞘翅目 长蠹科

分布范围:北京、河北。河北省怀来县桑园镇、沙城镇、东八里乡有危害。

识别特征:成虫体长约4.6 mm,圆筒形两侧平直,具有淡黄色短毛,黑褐色;触角10节;鞘翅黑褐色,后端急剧向下倾斜,斜面合缝两侧有刺状突起1对。卵长椭圆形,长约0.4 mm,白色,半透明。幼虫体蛴螬形,稍弯曲,乳白色,胸足3对,老熟时体长约4 mm。蛹体初为白色,近羽化时头、前胸背板及鞘翅黄色。

生活史:北京一年发生1代,以成虫在枝条蛀道内越冬。翌年4月初槐树开始发芽时,被害枝上部衰弱不发芽,4

日本双棘长蠹-为害状
(怀来桑园-何建斌2019年5月拍摄)

日本双棘长蠹-羽化孔
(怀来桑园-何建斌2019年5月拍摄)

日本双棘长蠹-成虫
(怀来八卦-何建斌2020年5月拍摄)

月下旬成虫飞出,蛀入其上面的弱枝内食害和产卵,一个弱枝上常有几处被蛀入作母坑道;幼虫也在枝内蛀食,将木质部蛀成白色碎末状。6月上旬开始化蛹,羽化为成虫,食料充足时仍在蛀道内取食,7—8月成虫飞出,10月后成虫开始蛀入约2 cm粗的健壮枝条内，横向环行蛀食树枝木质部，形成一环状蛀道，切断养分和水分的输导。

危害：槐树、刺槐、柿、栾树、白蜡等。

61 洁长棒长蠹 *Xylothrips cathaicus* Reichardt

鞘翅目 长蠹科

分布范围：华北、华东、华中、西南。

识别特征：成虫体长约 7 mm，长圆筒形，黑色；体壁坚硬；下口式口器，触角着生在复眼前，短，11 节，末端 3 节呈锤状，两复眼间密生白色细长毛；前胸背板大圆形，似帽盖，整板内凹入中胸背板内被其包围，板平坦，上具很多棘齿状小突起；中后胸背板伸出前胸背板前，红色，板光滑，其前缘有后倾棘刺，以前端两侧 1、2 齿较大；鞘翅后缘急剧倾斜呈截状，周围具角状突起 8 个；足短，前足基节突出，胫节有刺，跗节 5 节，中后足基节彼此靠近；腹节腹面密生细毛。幼虫蛴螬型，前口式，无眼，触角 4 节，胸足 3 对发达。

生活史：北京一年发生 1 代，以成虫在蛀道内越冬。喜蛀入衰弱木，并产卵其上，在枝干内蛀食、化蛹和羽化。

危害：紫薇、紫荆。

洁长棒长蠹-为害状（怀来桑园-何建斌2019年5月拍摄）

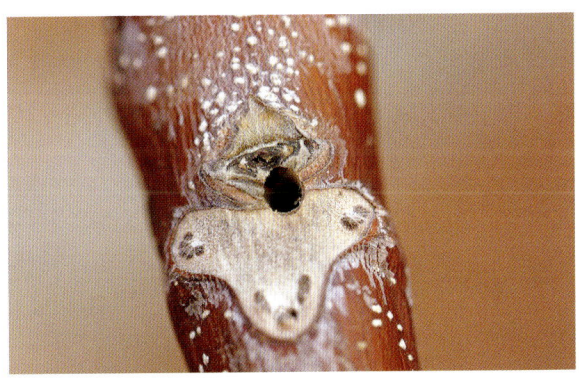
洁长棒长蠹-羽化孔（怀来桑园-何建斌2019年5月拍摄）

洁长棒长蠹-成虫（怀来桑园-何建斌2019年5月拍摄）

62 纵坑切梢小蠹 Tomicus piniperda (Linnaeus)

鞘翅目 小蠹科

分布范围： 东北、西北、华北、华南、华东、华中、云南、贵州、四川。北京市延庆区、河北省张家口市赤城县有危害。

识别特征： 成虫体长 3.5～4.5 mm，体深棕或黑褐色，具光泽，密布刻点和灰黄色细毛；头部半球形，额中央有纵降起线，复眼卵圆形；触角锤状；前胸背板近梯形，前窄后宽。卵椭圆形、灰白色。幼虫体长 5～6 mm，乳白色，微弯曲，体表粗而多皱；头黄色，口器褐色。蛹体白色，体长约 4.5 mm，腹面末端有向两侧伸出的针状突起 1 对。

生活史： 北京一年发生 1 代，以成虫越冬。翌年 4 月离开越冬场所，飞上树冠侵入去年生嫩梢补充营养，然后寻找衰弱树及林中贮放原木侵入。坑道为单纵坑，筑于木质部，微触韧皮；母坑道一般长 5～6 cm，最长约 14 cm，子坑道在母坑道两侧，约 10～15 条，与母坑道略呈垂直。雌虫先侵入并构筑交尾室，然后雄虫进入交尾。卵密集产于母坑两侧。5 月卵孵化，6 月化蛹，7 月新成虫出现并侵入健康木为害，10 月开始下树集中侵入风倒、风折木越冬。阳坡，立地条件差的林木先受害，衰弱树易受害，林缘树受害重。森林火灾或其他病虫为害造成树势衰弱或林地卫生状况不好等是造成该虫灾害的先决条件。

危害： 油松、赤松、黑松、华山松、雪松、樟子松、马尾松、云南松。

防治方法： 设置诱捕器，利用性引诱剂捕杀成虫。

纵坑切梢小蠹-为害状-油松（延庆区四海镇-王长民2015年4月27日拍摄）

第二章 蛀干类害虫

纵坑切梢小蠹-蛀孔-油松
（延庆区四海镇-王长民2016年7月8日拍摄）

纵坑切梢小蠹-成虫（延庆区四海镇-
王长民2023年6月25日拍摄）

63 红脂大小蠹 *Dendroctonus valens* Le Conte

鞘翅目 小蠹科

分布范围：华北、辽宁、陕西、河南。

识别特征：成虫体长5.9~9.6 mm，红褐色至黑褐色，被金黄色毛；触角10节，柄节粗长，锤状部3节，扁平近圆形；前胸背板明显宽大于长；鞘翅基缘、中部及坡面上均具齿突。

生活史：一年发生1代，少数一年发生2代或两年发生3代，以成虫、2龄以上幼虫在树干基部、主根、侧根的

红脂大小蠹-为害状-油松
（延庆区四海镇-王长民2015年4月27日拍摄）

韧皮部越冬，偶见以卵和蛹越冬；4月末成虫开始扬飞，5月中下旬为扬飞盛期；6月上旬为产卵盛期，6月中旬为孵化盛期；8月上旬新一代成虫羽化。

危害：油松、白皮松、华山松、云杉、冷杉和落叶松等。主要为害大树，侵入部位多集中在距地面0.5 m以下的树干基部和根部；当年侵入孔处常有松脂、虫粪、木屑形成的红褐色漏斗状或不规则状凝脂块，往年凝脂块为浅白色或灰白色。

防治方法：严格检疫，防止红脂大小蠹随松科树木传入和扩散蔓延。释放大唼蜡甲等天敌。

红脂大小蠹-为害状-油松（延庆区大吉祥村-王长民2020年4月27日拍摄）

红脂大小蠹-成虫-油松（延庆区四海镇-王长民2015年4月27日拍摄）

64 白斑木蠹蛾 *Catopta albonubilus* Graeser

鳞翅目 木蠹蛾科

分布范围：河北省张家口市赤城县。

识别特征：成虫翅展31.0～40.0 mm。触角双栉状，体灰褐色，具丝光颈片、领片后缘有黑横纹，胸背、肩片及胸后缘有黑斑。前翅短阔，灰褐色，翅基半部色暗，密布粗黑短纹，中室端和中室后各有一大白斑。亚外缘至外缘、角区灰白色，有一醒目椭圆形黑纹；后翅灰褐色，无斑纹。

生活史：成虫多见于6—8月。

白斑木蠹蛾-成虫（赤城金阁山-王长民2024年7月22日拍摄）

65 芳香木蠹蛾东方亚种 *Cossus cossus orientalis* (Gaede)

鳞翅目 木蠹蛾科

分布范围： 华北。河北省张家口市沙城镇有危害。

识别特征： 成虫体长24～37 mm，翅展49～86 mm，灰褐色；雌体前胸后缘具淡黄色毛丛线，雄体则稍暗；触角单栉齿状；胸腹部体粗壮，前翅中室至前缘灰褐色，翅面密布黑色线纹。卵椭圆形，长约1.2 mm，灰褐色，粗端色稍浅，表面满布黑色纵脊，脊间具刻纹。幼虫老龄时体暗紫红色，略具光泽，侧面稍淡，腹节间淡紫红色，体长58～90 mm，前胸背板上有较大的"凸"字形黑斑。

芳香木蠹蛾东方亚种-幼虫
（延庆区珍珠泉-王长民2005年6月6日拍摄）

生活史： 北京两年发生1代，跨3年当年幼虫第一年在树干蛀道内越冬。第二年秋老熟幼虫离干入土结土茧越冬。第三年5月在土茧内化蛹，蛹期20～25天。6月羽化，而后交尾、产卵，每雌虫可产卵178～858粒，成堆，每堆3～60粒，产卵部位以离地1～1.5 m的主干裂缝为多，卵期9～12天。成虫寿命4～10天，有趋光性。初孵幼虫群居，幼虫在干内蛀成的蛀道广阔和不规则，互相连通，树龄越大被害越重。

危害： 柳、杨、榆、槐、桦、白蜡、栎、核桃、香椿、苹果、梨、沙棘、槭属。

防治方法： 灯光诱杀成虫。老熟幼虫离干入土化蛹时（10月），人工捕杀幼虫。伐除并烧毁无保留价值的严重被害树木。向蛀道内释放斯氏线虫或喷洒白僵菌寄生幼虫。

芳香木蠹蛾东方亚种-为害状
（延庆区珍珠泉-王长民2005年6月6日拍摄）

芳香木蠹蛾-羽化孔
（延庆区珍珠泉-王长民2005年6月6日拍摄）

芳香木蠹蛾东方亚种-成虫（怀来沙城-何建斌 2018 年 5 月拍摄）

66 松梢螟（微红梢斑螟） *Dioryctria rubella* (Hampson)

鳞翅目 螟蛾科

分布范围：全国各地。北京市延庆区、河北省张家口市沙城镇、存瑞镇、赤城县有危害。

识别特征：成虫体长 10～16 mm，老熟幼虫体长约 25 mm。常造成被害枝梢枯黄、弯曲、下垂、死亡。翅展 26～30 mm；与果梢斑螟相近，但翅色常偏灰暗，前翅亚基线灰色，外侧具黑色鳞脊。

生活史：一年发生 2 代，以幼虫在被害球果、枯梢和枝干伤口皮下越冬；卵多散产于松梢针叶基部；老熟幼虫在蛀道内化蛹。

危害：油松、华山松、雪松、白皮松和云杉等。

防治方法：及时剪除被害枝梢和球果。利用诱虫杀虫灯、性信息素诱芯等监测诱杀成虫。初孵幼虫期和转梢为害期，释放蒲螨、长距茧蜂等天敌。

松梢螟-为害状
（怀来北山公园-何建斌 2018 年 7 月拍摄）

松梢螟-幼虫
（怀来植物园-何建斌 2022 年 6 月拍摄）

第二章 蛀干类害虫

松梢螟-羽化孔（怀来北山公园-何建斌2018年7月拍摄）

松梢螟-成虫-油松（延庆区张山营-王长民2016年7月6日拍摄）

67 楸蠹野螟 *Omphisa plagialis* (Wilenman)

鳞翅目 草螟科

分布范围：北京、河北、吉林、辽宁、华东、华南、陕西、甘肃。

识别特征：成虫翅展33.0～33.5 mm；下唇须黑褐色，前伸；体及翅污白色，具褐色斑；前后翅翅脉褐色，前翅中室下方具褐色方形大斑。后翅前中线粗，黑褐色。

生活史：一年发生1代或2代，以老熟幼虫在枝条内越冬。幼虫蛀食楸树、梓树小枝。北京7月、8月灯下可见成虫。

危害：梓、楸。

防治方法：

（1）人工防治。冬季、早春人工剪除虫枝、带虫苗木截干，集中烧毁。

（2）杀虫灯防治。利用成虫趋光性，羽化期在林间悬挂杀虫灯，诱杀成虫。

（3）保护啄木鸟。

楸蠹野螟-幼虫-梓树（延庆区张山营-王长民2015年4月16日拍摄）

楸蠹野螟-成虫（延庆区张山营-王长民2017年6月15日拍摄）

68 白杨透翅蛾 *Paranthrene tabaniformis* (Rottemburg)

鳞翅目 透翅蛾科

分布范围： 北京、河北、辽宁、内蒙古、江苏、陕西、河南、甘肃、宁夏。

识别特征： 翅展32.0～36.0 mm。头部半圆，颈片黄色，触角棒状，胸背和肩片、腹背青黑色，腹部第2节、第4节、第6节末有黄色环毛，腹端青黑色刷状毛丛有2束黄毛。前翅狭长，赤褐色肩角黄色。后翅透明，翅脉褐色，缘毛灰褐色。

生活史： 在华北地区多为一年1代，少数一年2代。以幼虫在枝干隧道内越冬。翌年4月初取食为害，4月下旬幼虫开始化蛹，成虫5月上旬开始羽化，盛期在6月中旬至7月上旬，10月中旬羽化结束。卵始见于5月中旬，少部分孵化早的幼虫，若环境适合，当年8月中旬还可化蛹，并羽化为成虫，发生第2代。成虫飞翔力强而迅速，夜间静伏。卵多产于叶腋、叶柄、伤口处及有绒毛的幼嫩枝条上。卵细小，不易发现。卵期7～15天。幼虫8龄。

危害：杨。初龄幼虫取食韧皮部，4龄以后蛀入木质部为害。幼虫蛀入后，通常不再转移。9月底，幼虫停止取食，以木屑将隧道封闭，吐丝做薄茧越冬。

防治方法：

（1）选择抗虫树种。

（2）人工防治。幼虫初蛀入时，发现有蛀屑或小瘤，要及时剪除或削掉，或向虫瘿的排粪处钩、刺杀幼虫。秋后修剪时将虫瘿剪下烧毁。

白杨透翅蛾-为害状
（怀来文化广场-何建斌2024年6月拍摄）

白杨透翅蛾-幼虫（延庆区张山营-王长民2010年7月29日拍摄）

白杨透翅蛾-成虫
（怀来文化广场-何建斌2024年6月拍摄）

69 葡萄透翅蛾 *Paranthrene regalis* (Butler)

鳞翅目 透翅蛾科

分布范围：全国各大葡萄产区。

识别特征：翅展25.0 mm左右。头蓝黑色，触角黑褐色散布蓝色鳞片。胸、腹背棕黑色覆棕黄色长毛，颈片、胸背两侧及腹部各环节橙黄色。前翅红褐色，前缘、外缘及翅脉黑色，缘毛黑灰色，较长后翅半透明。

生活史：一年发生1代。以老熟幼虫在葡萄枝蔓内越冬。翌年4月下旬化蛹，蛹期5～15天，6月上旬至7月上旬羽化为成虫，成虫将卵产在叶腋、芽的缝隙、叶片及嫩梢上，卵期7～10天。7—8月幼虫为害最重，9—10月幼虫老熟越冬。

危害：葡萄。幼虫蛀食葡萄枝蔓髓部，使受害部位肿大，叶片变黄脱落，为害髓部，枝蔓容易折断枯死，影响当年产量及树势。幼虫蛀入后，在蛀口附近常堆有大量虫粪，在茎内形成长的孔道，使被害部上方的枝条枯死，被害部膨大，表皮变为紫红色。

防治方法：

（1）物理防治。悬挂黑光灯，诱捕成虫。

（2）生物防治。将新羽化的雌成虫一头，放入用窗纱制的小笼内，中间穿一根小棍，搁在盛水的面盆口上，面盆放在葡萄旁，每晚可诱到不少雄成虫。诱到一头等于诱到一双，收效很好。

葡萄透翅蛾-成虫（延庆石峡-王长民2024年8月13日拍摄）

第三章　地下害虫

70 华北蝼蛄　*Gryllotalpa unispina* Saussure

直翅目　蝼蛄科

分布范围：北方大部分地区。

识别特征：体长 25.0～34.5 mm。体褐色。头狭于前胸背板，额部凸起，复眼和单眼突出，有 2 个侧单眼。触角较短。前胸背板具短绒毛，中央具光滑的 2 条纹。前翅淡褐色，具绒毛。后翅超过腹端。胫节具 4 片状趾突。跗节第 1 和第 2 节具星片状趾突；后足较短，胫节背面内缘有 0～2 枚背距，外缘近端部有 1 根刺，有 3 个内端距。

华北蝼蛄（延庆区张山营-王长民 2022 年 5 月 21 日拍摄）

生活史：华北蝼蛄三年完成一代，以成虫和老龄若虫越冬，到翌年 4 月中旬开始活动为害；成虫和若虫前足特别发达，适于土中潜行，白天潜在土壤深处，夜出地表土中活动。成虫具有趋光性。

危害：杂食性害虫，主要咬食植物的地下部分。

防治方法：

（1）蝼蛄的趋光性很强，在羽化期间，晚上 7 点至 10 点可用灯光诱杀。

（2）施用厩肥、堆肥等有机肥料要充分腐熟；深耕、中耕也可减轻蝼蛄为害。

（3）傍晚将毒饵均匀撒在苗床上诱杀；饵料可用多汁的鲜菜、鲜草以及蝼蛄喜食的块根和块茎，或炒香的麦麸、豆饼和煮熟的谷子等。

71 粗绿丽金龟（粗绿彩丽金龟）　*Mimela holosericea* (Fabricius)

鞘翅目　金龟科

分布范围：北京、陕西、甘肃、青海、内蒙古、黑龙江、吉林、辽宁、河北、山西、河南、江西。

识别特征：成虫体长 14.0～20.0 mm，宽 8.5～10.6 mm；草绿色或青铜色，具强烈金属光泽；体表粗糙。额微凹，头顶隆凸；触角棕黄色至黑色，鳃片部 3 节，雄性鳃片部长，雌性较短。前胸背板宽短，密布粗大刻点，中央一纵沟；侧缘基部近平行，前侧角锐角前伸，后侧角钝角。鞘翅粗糙，肩凸和端凸发达，纵肋发达或模糊。前足胫节外缘 2 齿；爪简单。体腹面密布淡色绒毛。

生活史：6 月中旬至 7 月中旬出现，黑光灯下可诱到大量雌成虫。雄虫白天活动。取食苹果、葡萄等植物叶片。幼虫可取食云杉、冷杉、落叶松等针叶树苗根部。

危害：苹果、葡萄、云杉、冷杉、落叶松等。

粗绿丽金龟-成虫（怀来白龙潭-何建斌 2022 年 7 月拍摄）

72 铜绿异丽金龟 Anomala corpulenta Motschulsky

鞘翅目 金龟科

分布范围：北京、陕西、甘肃、宁夏、内蒙古、黑龙江、吉林、辽宁、河北、山西、河南、山东、江苏、上海、安徽、浙江、江西、湖北、湖南、四川。

识别特征：成虫体长 16.0～22.0 mm，宽 83～12.0 mm。长卵圆形；体色变化较大，通常体背铜绿色，体腹黄棕色。前胸背板宽大，侧缘黄白色。鞘翅密布刻点，每翅 2 条纵肋。前足胫节外缘 2 齿。臀板三角形，黄褐色，常具 1～3 个形状多变的铜绿色或古铜色斑。卵白色，初产为椭圆形，后逐渐变为球形，长 2 mm 左右。

幼虫体长约 40 mm；头部暗黄色，体乳白色，常弯曲呈"C"形，各体节多褶皱，腹部末端 3 节膨大，青黑色，肛门呈"一"字横裂，在肛门周边散生多根刚毛，其中央有 15～18 对刚毛分 2 列相对横生。蛹椭圆形，长约 25 mm，土黄色。

生活史：北方一年发生1代，以老熟幼虫越冬。翌年春季越冬幼虫上升活动，5月下旬至6月中下旬为化蛹期，7月上中旬至8月是成虫发生期，7月上中旬是产卵期，7月中旬至9月是幼虫为害期，10月中旬后陆续进入越冬。少数以2龄幼虫、多数以3龄幼虫越冬。幼虫在春、秋两季为害最烈。成虫夜间活动，趋光性强。

危害：苹果、杨、榆、核桃等。成虫杂食而量大，取食叶片；蛴螬在土内为害作物根系，尤喜取食马铃薯、甘薯等块茎、块根和花生果。

防治方法：

（1）物理防治。利用金龟子的趋光性，设置黑光灯诱杀。

（2）生物防治。青虫菌粉1份+干细土200份，穴施或发生严重时撒施于根际周围。

（3）化学防治：用毒饵；于成虫盛发期在田间插入药剂处理过的带叶树枝，毒杀成虫。

（4）农业防治：播种或移栽前，或收获后，清除田间及四周杂草，集中烧毁或沤肥；深翻地灭茬、晒土，促使病残体分解，杀灭虫源。和非本科作物轮作，水旱轮作最好。

铜绿异丽金龟-成虫（怀来暖泉公园-何建斌2023年8月拍摄）

73 苹毛丽金龟 *Proagopertha lucidula* Faldermann

鞘翅目 金龟科

分布范围：北京、陕西、甘肃、内蒙古、黑龙江、吉林、辽宁、河北、山西、河南、山东、安徽、江苏、四川。

识别特征：成虫体长9～12 mm；体黑色或黑褐色，具紫铜色或青铜色光泽，但鞘翅茶色或黄褐色，翅侧常具淡橄榄绿色光泽；前胸背板具长毛刻点，鞘翅油亮，具9条刻点列；体下及臀板密布长毛；中胸腹突明显，但长短不一。

生活史：一年发生1代，以成虫越冬。成虫出现于春季的花期，取食花蕾、花芽、花瓣，或杨、柳、桑等的树叶。有时数量大，多数花被食，影响结实。幼虫在地下取食腐殖质或植物的细根。

危害：苹果、梨、桃、樱桃、李、杏、海棠等。

防治方法：

（1）物理防治。利用性诱散发器诱杀雄虫。

（2）药剂防治：发生量较大时，在开花前2～3天喷施药剂。

苹毛丽金龟-成虫（怀来植物园-何建斌2021年4月拍摄）

74 中华弧丽金龟 *Popillia quadriguttata* (Fabricius)

鞘翅目 金龟科

分布范围：北京、陕西、青海、甘肃、宁夏、内蒙古、黑龙江、吉林、辽宁、河北、山西、河南、山东、江苏、上海、安徽、浙江、江西、福建、台湾、湖北、湖南、广东、广西、四川、贵州、云南。

识别特征：成虫体长7.5～12.0 mm；体青铜色，有闪光尤以前胸背板为亮，但鞘翅黄褐色，侧缘颜色稍深，缝肋部分带绿色或黑绿色；鞘翅具6条刻点沟；臀板基部具2个白色毛斑，腹部第1～5节侧面各具1个白色毛斑。

生活史：一年发生1代，以幼虫在土中越冬。成虫6—9月活动，取食榆、葡萄、苹果、樱花、荆条、大豆、花生等植物的叶片或花，灯下未见，也会访问荆条等花；幼虫取食小麦、豆类等植物的根。

危害：苹果、梨、桃、樱桃、李、杏、海棠、葡萄、豆类、葱及杨、柳、桑、榆等树木。

第三章 地下害虫

防治方法：

（1）化学防治。发生量较大时，在开花前2～3天喷施药剂。

（2）诱杀成虫。利用性诱散发器诱杀雄虫。

中华弧丽金龟-成虫（怀来植物园-何建斌2021年7月拍摄）

75 小青花金龟 *Oxycetonia jucunda* Faldermann

鞘翅目 金龟科

分布范围：广布于全国（除新疆），河北省张家口市赤城县、怀来县有危害。

识别特征：成虫体长12～14 mm；体色多变，古铜色、暗绿色、铜红色、黑褐色等，具光泽，体背具大小不等的淡黄白色斑；前胸背板中央两侧各1个，侧缘白色或具白斑，鞘翅上众多；有些个体鞘翅近基部具橙黄色大斑；臀板上具4个横列的白斑。

生活史：一年发生1代，成虫、幼虫均可越冬。成虫取食苹果、梨、桃、杏、葡萄等果树及其他多种植物的芽、花蕾、花瓣及嫩叶，或访花，吸花蜜或花粉；北京4—

小青花金龟-成虫（延庆区后河-王长民2011年9月1日拍摄）

10月可见成虫；幼虫地下生活，取食腐殖质（并不取食植物的根茎）。

危害： 翠菊、金盏菊、松果菊、萱草、一支黄花、假龙头、木芙蓉、秋葵、唐菖蒲、丁香、丰花月季、美人蕉、玫瑰、苹果梨、榆、栎等。

防治方法： 花卉种植地不堆放粪肥和垃圾，以减少虫源孳生。人工捕杀成虫。

76 灰胸突鳃金龟　*Melolontha incana* (Motschulsky)

鞘翅目　金龟科

分布范围： 北京、河北、内蒙古、黑龙江、吉林、辽宁、山西、河南、山东、浙江、江西、湖北、四川、贵州。

识别特征： 体长 24.5~30.0 mm，宽 12.2~15.0 mm；深褐色或栗褐色，密被灰黄色或灰白色针状短毛。唇基近梯形，边缘折翘，前缘中央微凹；触角鳃片部雄性7节，微弯，雌性6节，直而短小。前胸背板短宽，中足基节间具1个明显的小锥形突，非常大，可伸达前胸腹板。常具5宽纵纹，中央及两侧纵纹色深，前侧角钝角，后侧角近直角；小盾片大。前翅肩凸、端凸发达，具4纵肋。臀板三角形，侧缘微波浪状弯曲，末端圆钝。

危害： 杨、柳、榆、苹果、梨等。幼虫取食豆类、薯类植物地下根茎，成虫取食杨、柳、榆等植物叶片。

灰胸突鳃金龟
（延庆区野鸭湖-王长民2022年9月14日拍摄）

77 华北大黑鳃金龟　*Holotrichia oblita* (Faldermann)

鞘翅目　金龟科

分布范围： 北京、内蒙古、辽宁、陕西、甘肃、宁夏、山西、河北、河南、山东、江苏、安徽、浙江、江西。

识别特征： 成虫体长 17.0~21.8 mm，宽 8.4~11.0 mm；长椭圆形，黑褐色至黑色，油光。唇基短宽，边缘折翘，前缘中央凹；触角10节，雄性鳃片部约与其前6节总长相等。前胸背板密布粗大刻点,侧缘弧形,中央最宽;小盾片近半圆形。鞘翅密布刻点,微皱,纵肋可见,肩凸、端凸较发达。胸部腹面密被黄色长毛。前足胫节外缘3齿;爪下齿中位垂直生。

生活史:幼虫取食牧草及苗木的地下部分;成虫取食榆、苹果等的嫩叶。

危害:榆、苹果等。

华北大黑鳃金龟-成虫-臭椿(怀来茨儿山-何建斌2024年5月拍摄)

78 黑绒金龟(东方绢金龟) *Maladera orientalis* (Motschulsky)

鞘翅目 金龟科

分布范围:北京、甘肃、宁夏、内蒙古、吉林、辽宁、河北、山西、山东、江苏、安徽、浙江、福建、台湾、湖北、湖南、广东、海南。

识别特征:黑绒金龟又名东方绢金龟。体长 6~9 mm。体黑褐色至黑色,晦暗而具丝绒般光泽。触角9节,少数10节,鳃部3节,雄虫鳃部长约为前5节之和的2倍。胸部腹板密被绒毛,腹部每节腹板具1排毛。

生活史:一年发生1代,以成虫在土中越冬(羽化后未出土),但在野外可见到颜色较浅的成虫。幼虫在地下取食多种作物的根。北京成虫出现于4—8月,具趋光性,白天、晚上均可取食。

危害:枣、苹果、桃、金银木、大豆、花生、棉、杨、柳等多种植物。

防治方法:利用性诱散发器诱杀雄虫。发生量较大时,在开花前2~3天喷施药剂。

黑绒金龟-成虫（怀来植物园-何建斌2023年5月拍摄）

79 八字地老虎 *Xestia c-nigrum* (Linnaeus)

鳞翅目 夜蛾科

分布范围：全国各地均有分布。河北省张家口市存瑞镇、赤城县有危害。

识别特征：翅展29～36 mm；头、胸褐色，颈板杂有灰白色；前翅中室除基部外黑色，中室下方颜色较深，环形纹浅褐色，宽"V"形，肾形纹窄，黑边，内有深褐色圈；基线和内线双线黑色，外线不明显，呈双线锯齿形；亚端线淡，在顶角处呈1条黑色斜条。

生活史：中国北方一年发生2代，以老熟幼虫在土中越冬。幼虫取食多种植物的幼苗，大龄幼虫夜间取食，咬断地表嫩茎。北京5月、8月、9月灯下可见成虫。

危害：雏菊、百日草、菊花等多种花卉及杨、柳、悬铃木、蔬菜、棉花、烟草等。

防治方法：

（1）农业防治。除草灭虫。春耕前进行精耕细作，或在初龄幼虫期铲除杂草。

（2）物理防治。结合黏虫用糖、醋、酒诱杀液或甘薯、胡萝卜等发酵液诱杀成虫。用泡桐叶或莴苣叶诱捕幼虫。

八字地老虎（延庆区张山营-王长民2016年7月22日拍摄）

80 红腹毛蚊 *Bibio rufiventris* (Duda)

双翅目 毛蚊科

分布范围：北京、吉林等地。

识别特征：成虫体长 9.8~11.0 mm。黑色，密被黑棕色长毛。雄性头部大，复眼接眼式；雌性头部小，复眼离眼式。雄性胸部完全黑色；雌性前盾片及腹部橙红色，第 1 腹节背板两侧具黑斑。前翅棕褐色，翅脉暗棕色，翅面具油彩光泽；平衡棒黑色。足仅前足胫节端刺及距棕色；前足胫节端距为端刺的 1/2；中足、后足腿节明显加粗，后足胫节膨大。

危害：幼虫取食植物地下根茎和幼苗。

红腹毛蚊-成虫（延庆区青龙潭-王长民2016年5月24日拍摄）

红腹毛蚊-成虫（延庆区黄柏寺-王长民2022年5月9日拍摄）

第四章　食叶类害虫

81 榆红胸三节叶蜂　*Arge captiva* (Smith)

膜翅目　三节叶蜂科

分布范围：北京、河北、内蒙古、吉林、辽宁、甘肃、陕西、宁夏、山东、河南、湖北、上海、浙江、福建、湖南、贵州、广东等地。

识别特征：雌蜂体长 10.0～11.0 mm。体和足黑色，具较弱但明显的蓝色金属光泽，触角黑褐色，前中胸部背板和中胸侧板红褐色，小盾片后端有时黑色。翅烟褐色，具弱蓝紫色光泽，翅脉和翅痣黑色，痣下具小型烟色斑块。体毛银褐色，触角、锯鞘和翅面细毛黑褐色。体粗壮。头部前侧和背侧前部具细小刻点，虫体其余部分光滑，无刻点。颚眼距等于或稍窄于单眼直径；唇基下沉，边缘锐薄，缺口浅弧形；复眼中等大。颜面强烈隆起；额区隆起，中部不稍凹，额脊低钝。

生活史：一年发生4代，以老熟幼虫在树冠下2～4 cm表土中做茧越冬。翌年3月下旬开始化蛹，蛹期8～9天，成虫羽化后在茧内停留2～3天出茧。4月上旬至中旬成虫羽化产卵，卵期7～9天。4月下旬幼虫开始孵化，幼虫经13～25天老熟，气温较低时幼虫发育历期可延长。成虫4月上旬至下旬、5月下旬至7月上旬、7月下旬至8月中旬、9月上旬至中旬出现。各代成虫发生期不整齐，有世代重叠现象。9月下旬至10月上旬幼虫老熟后下树入土结茧越冬。

危害：榆树、贴梗海棠等。

防治方法：

（1）春季至成虫羽化前人工挖除越冬茧集中销毁以消灭茧内幼虫或蛹。

（2）保护和利用自然天敌，从而降低虫口数量，该叶蜂的自然天敌有姬小蜂、白基卷唇姬蜂；在天敌较多的林分，严禁使用化学药剂，以保护和利用自然天敌进行生物防治。

榆红胸三节叶蜂-幼虫
（延庆区张山营-王长民2017年8月29日拍摄）

第四章 食叶类害虫

（3）做好测报工作，利用5%高氯甲维盐1 000～1 500倍液防治3龄前幼虫，防效达96%以上。

榆红胸三节叶蜂-成虫（赤城大海陀-
王长民2020年7月30日拍摄）

榆红胸三节叶蜂-茧
（延庆区张山营-王长民2016年11月2日拍摄）

82 榆近脉三节叶蜂 *Aproceros leucopoda* Takeuchi

膜翅目 三节叶蜂科

分布范围：北京、甘肃等地。

识别特征：雌成虫体长6～7 mm。体呈亮黑色，无金属光泽。上唇呈深棕色，上颚顶部棕色；前胸背板部分脏黄色。并胸腹节后部白色（除最边缘部分）；触角深棕色，带有不同程度的灰色；足白色，基节、转节和腿节或多或少呈现黄色，基节底部黑色，最顶部和胫节后部的距略显褐色。翅烟黑色，翅脉和翅痣深棕色。头光滑、无刻点，被有稀疏灰或黑色短柔毛。头短而宽，从上面看，头的宽是长的3倍，复眼后面变得更狭窄。唇基的前缘平截，前幕骨陷很深，与触角窝相连，侧窝沟状。额区台状隆起，但

榆近脉三节叶蜂-卵
（延庆区米家堡-王长民2012年7月29日拍摄）

榆近脉三节叶蜂-幼虫
（延庆区张山营-王长民2012年8月9日拍摄）

无额脊。

生活史：一年发生4代，以预蛹在树下表土层及石块下越冬。4月下旬成虫出茧羽化，成虫产卵于叶片边缘锯齿尖端的表皮下，产卵处叶背可见泡状隆起。

危害：主要危害榆树，如白榆、黑榆、钻天榆等。

防治方法：

（1）冬、春季至成虫羽化前人工挖除表土茧，或利用该虫羽化比较整齐的特性于5月中下旬、6月下旬、7月中下旬、8月中下旬摘除叶背茧，集中烧毁，以压低当年虫口基数。

（2）在天敌较多的林分，严禁使用化学药剂，以保护利用天敌，该叶蜂天敌有白僵菌、猎蝽、蚂蚁、蜘蛛等。

（3）用25%灭幼脲Ⅲ号胶悬剂防治3龄前幼虫，防效可达95%以上，利用2.5%高效溴氰菊酯乳油5000倍液防治3龄后幼虫，防效可达93%以上。

榆近脉三节叶蜂-茧（延庆区张山营-王长民2013年5月28日拍摄）

榆近脉三节叶蜂-成虫（延庆区四海镇-王长民2024年6月5日拍摄）

83 柳厚壁叶蜂 *Pontania bridgmannii* Cameron

膜翅目 叶蜂科

分布范围：北京、河北、河南、山西、辽宁、吉林等地。

识别特征：成虫体长5 mm，翅展可达14 mm。头部土黄色，上有1条黑色带。前胸背面土黄色，中胸背面有1个椭圆形黑斑，两侧各有2个黑斑。腹部侧边缘、第6~7节背面后缘、第8~9节为土黄色，其余为黑色，足土黄色。卵呈椭圆形，灰白色，具光泽。幼虫污白色，体长12 mm左右。老熟幼虫体长12 mm，黄白色，稍弯曲，体上分节明显，腹足8对，胸足3对。蛹长6 mm，黄白色。

生活史：北方地区一年发生1代，以老龄幼虫在土中越冬，翌年4月中下旬成虫出现，产卵于柳叶边缘组织内，一处1粒。幼虫从卵中孵出后，在叶内啃食叶肉，受害部位逐渐隆起，4月中下旬叶缘出现红褐色小虫瘿，幼虫藏在其中取食。虫瘿一般在叶边缘与主脉之间，逐渐增大加厚，上下鼓起形成肾形或椭圆形，大者可达12 mm，宽6 mm，呈紫褐色。带虫瘿叶提前变黄。幼虫在虫瘿内一直为害到11月。虫瘿随落叶落到地面，幼虫从虫瘿内爬出，钻入土中做茧越冬。

柳厚壁叶蜂-幼虫
（延庆区大庄科-王长民2021年8月23日拍摄）

危害：垂柳、绦柳及旱柳等。

防治方法：

（1）人工防治。秋季开始落叶时，随时扫除落叶并处理消除虫瘿内幼虫。小树可摘除树叶上的虫瘿叶。

（2）4月下旬成虫大量羽化期或产卵盛期，喷2.5%高效溴氰菊酯乳油3 000倍液，此时期为防治此虫的关键时期。

（3）4月下旬至5月中旬幼虫孵出后，虫瘿刚鼓起至黄豆大小，颜色为红色时，用50%杀螟松500倍液喷雾。每隔4天喷施1次，连续3次。

（4）寄生天敌防治。啮小蜂对其寄生率近10%，被寄生后的虫瘿均为扁球形，或使用沈阳宽唇姬蜂进行防治。

柳厚壁叶蜂-为害状（延庆区大庄科-王长民2021年8月23日拍摄）

84 柳蜷叶蜂 *Amauronematus saliciphagus* Wu

膜翅目 叶蜂科

分布范围： 北京、甘肃。

识别特征： 成虫雌虫体长 4.5～5.5 mm，宽 1.5 mm，翅展 12 mm；翅透明，翅脉多为褐色，C 脉和翅痣为淡褐色；体毛灰色，很短；额板、上唇、上颚基部、后颊区的大部分淡褐色；胸腹部黑色；前胸背板后缘黄白色，第 9 背板的后部、第 7 腹片中部突出的裂片和尾须都呈淡褐色；足黑色。前转节和中转节淡褐色，后转节、前腿节端部的 2/3、中腿节端部的 1/3 及所有的胫节、胫节距淡褐色；跗节深咖色到黑棕色；头上部刻点细微，不清晰，前盾片和盾片上的刻点均匀清晰，无光泽。中胸小盾片具闪亮光泽，几乎无刻点；中胸侧板、后胸侧板具光泽，无刻点，也没有明显的小雕纹；中胸小盾片平坦宽阔，后背片约为中胸小盾片的 1/3；锯鞘从后面看呈三角形，顶部尖锐；尾须细长，超出锯鞘顶点；产卵器比后胫节短；锯背片 19 环；锯腹片细长，21 齿。雄虫体长 4.0～4.5 mm。

生活史： 柳蜷叶蜂在北京地区一年发生 1 代，以老熟幼虫在土壤 1～5 cm 表土内结茧越夏越冬。翌年 3 月上旬开始化蛹，3 月中旬为化蛹盛期。3 月中旬成虫开始羽化，3 月下旬为成虫羽化盛期，4 月下旬成虫期结束。3 月中旬成虫开始产卵。3 月下旬幼虫开始孵化，柳芽处可见虫苞产生，4 月上旬为孵化盛期，4 月中旬幼虫开始老熟，5 月上旬幼虫期结束。幼虫老熟后，下树入土结茧越夏越冬。

危害： 旱柳、垂柳、金丝垂柳、馒头柳。

防治方法： 在树干胸径处缠黄绿色胶带并刷涂黏虫胶，对成虫进行诱杀。也可使用 1% 苦参碱对成虫进行防治。

柳蜷叶蜂-成虫（延庆区台地园-王长民 2023 年 3 月 21 日拍摄）

85 橄榄绿叶蜂　Tenthredo olivacea Klug

膜翅目　叶蜂科

分布范围：北京、青海。

识别特征：成虫体绿色，胸背黑色；头短，横宽；触角 9 节；中胸小盾片发达；前足胫节端距 1 对。幼虫体具足 8 对。

生活史：一年发生 1 代，以老熟幼虫结茧在土中越冬。4 月开始化蛹，5—8 月为成虫发生期。

危害：杨、柳、玫瑰。

防治方法：

（1）秋末和春初挖灭越冬茧蛹。

（2）剪除产卵枝和扫除落叶。

（3）幼虫发生初期喷洒 40% 绿来宝乳油 500 倍液。

（4）保护螳螂、蜘蛛、蚂蚁等天敌。

橄榄绿叶蜂♀
（延庆区佛爷顶-王长民 2021 年 6 月 6 日拍摄）

橄榄绿叶蜂-成虫（延庆区静心园-王长民 2020 年 5 月 7 日拍摄）

86 杨扁角叶蜂　Stauronematus compressicornis (Fabricius)

膜翅目　叶蜂科

分布范围：北京、河北、陕西、新疆、东北、山东等地。

识别特征：成虫雌性体黑色，有光泽，被稀疏白色短绒毛；头、胸、腹黑色；翅透明，痣黑色，脉淡褐色；爪内外齿平行，基部膨大；锯背面观与尾须等长。雄性触角第 3~8 节端部横向加宽如角状，卵椭圆形，乳白至灰黄色，光滑。幼虫体鲜绿色，头黑色，头顶稍绿色，胸部各节两侧各有黑斑 4 个，体上有许多不均匀的褐色小圆点。蛹体灰褐色，触角、口器翅、足乳白色。

生活史： 北京一年发生 3 代，世代重叠，以老熟幼虫在土中做丝茧越冬。翌年 4 月化蛹。4 月末羽化成虫，孤雌生殖，卵产于嫩叶背面的主脉及其两侧表皮下，卵经 4~5 天孵化，约 10 天幼虫老熟。幼虫食量大，常取食叶肉，仅留主脉。幼虫有假死性，老熟后于 6 月末下树结茧化蛹。以后各代成虫的出现期分别为 7 月和 9 月中下旬，幼虫为害期为 6 月上中旬和 9 月上中旬，10 月下树越冬。

危害： 主要危害杨树。

防治方法： 早春或晚秋挖灭土中越冬茧蛹。幼虫期喷洒 25% 噻虫嗪水分散颗粒剂 5 000 倍液。

杨扁角叶蜂-幼虫-为害状（延庆区永宁-王长民 2022 年 3 月 15 日拍摄）

87 落叶松叶蜂 *Pristiphora erichsonii* (Hartig)

膜翅目 叶蜂科

分布范围： 北京、内蒙古、黑龙江、甘肃等地。

识别特征： 落叶松叶蜂雌虫体长 7~10 mm，体黑色，有光泽；头黑色，前胸背板两侧黄褐色，中胸、后胸黑色；足黄色，前足、中足基节、中足胫节端部、后足基节基部、腿节端部、胫节端部、跗节，均为黑色；爪褐色。雌虫体长 8 mm，黑色；触角黄褐色，腹部第 2 背板两侧、第 3 至第 5 背板及第 6 背板中央均为橘红色。幼虫体长 12~16 mm，黑褐色，胸部和腹部背面墨绿色，腹面灰白色，胸足黑褐色。卵长 1.2 mm、宽 0.4 mm，初产时淡黄色，半透明，孵化前暗色。蛹长 9~10 mm，初化蛹淡青色，透明，后变黑褐色。

生活史： 一年发生 1 代，以老熟幼虫入土结茧变为预蛹在枯枝落叶层下或周围松软土壤中越冬。翌年5月下旬成虫羽化,6月上旬幼虫孵化,7月下旬幼虫下树结茧越冬,越冬茧坚韧。

危害:落叶松。

防治方法:

(1)保护利用好落叶松叶蜂的自然天敌物种,如七星瓢虫、寄生蝇、赤眼蜂、鸟类等,利用落叶松叶蜂的天敌控制落叶松叶蜂的生长,减轻落叶松叶蜂对落叶松林分的危害。

(2)防治区域林分郁闭度高于0.6,可在晴天的早晨或傍晚,采用苦参碱杀虫烟剂防治。

(3)对于防治区域林分郁闭度不高的林分,可采用25.0%高效溴氰菊酯乳油500~1 000倍液或5%阿维菌素悬浮剂800~1 500倍液进行树冠喷雾防治。

落叶松叶蜂(延庆区佛爷顶-王长民1997年6月8日拍摄)

88 黑胫腮扁叶蜂 *Cephalcia nigrotibialis* Wei

膜翅目 扁叶蜂科

分布范围:北京、陕西、河南。

识别特征:雌成虫体长15.0~17.5 mm;体黑色,具黄白色斑纹:唇基基部具"一"字纹(有时呈倒"T"形)、复眼内缘具近四方形纹、头顶侧缝上具长纹以及沿颊并伸向头顶两侧的钩形纹;触角第3节端部起黄白色,端部6~8节黑褐色;下颚须黄白色,基部黑色,可1节、2节或

黑胫腮扁叶蜂-卵
(延庆区佛爷顶-王长民2009年7月16日拍摄)

3 节基半黑色，端部可褐色；下唇须黄白色，端节黑色，或基 1 节黑色，基 2 节基部黑色；前胸背板两端、中胸前盾片（1 对）、中胸小盾片、后胸小盾片、中胸前侧片前端具黄白斑；翅基片均黄白色；半透明，带烟褐色，翅痣黑色；翅痣下具明显烟褐色横带直达翅后缘，并与翅外缘的烟褐色相连；各腹节背板两侧、第 1~2 节背板中部及第 4~7 腹板中部后缘黄白色；足基节具黄白斑，跗节黄白色。触角 29~31 节，第 3 节稍短于柄节，约是第 4 节的 2 倍。

雄成虫体长 13.0~15.0 mm；体色与雌虫的区别：头部不具头顶侧缝上的长纹斑，沿颊并伸向头顶两侧的钩形纹在中间断裂；中部背面无黄白斑，翅基片黑色，足淡黄棕色，跗节黄白色，前、中足腿节基大部黑色。触角 31 节，第 3 节后几节有时浅褐色，端 6 节褐色；前翅的烟褐斑不明显。

生活史：北京地区一年发生 1 代，以老熟幼虫越冬，6 月上旬幼虫开始化蛹，6 月下旬成虫开始出土，7 月上中旬为出土上树盛期，7 月初成虫开始产卵，幼虫在树上为害 60 天左右，9 月上中旬老熟幼虫开始下树，9 月底幼虫全部下树，入土做虫室越冬。

危害：主要危害油松。

防治方法：6 月上旬，悬挂红色粘虫板防治成虫。7 月下旬，人工喷烟防治幼虫。

黑胫腮扁叶蜂-幼虫
（延庆区佛爷顶-王长民 2009 年 7 月 6 日拍摄）

黑胫腮扁叶蜂-蛹-油松
（延庆区香营-2016 年 6 月 24 日拍摄）

黑胫腮扁叶蜂-成虫（延庆区佛爷顶-王长民 2021 年 7 月 2 日拍摄）

89 落叶松腮扁叶蜂 *Cephalcia lariciphila* (Wachtl)

膜翅目 扁叶蜂科

分布范围： 北京、河北、内蒙古、吉林、山西、黑龙江等地。北京市延庆区有危害。

识别特征： 雌蜂体长 9.0～12.6 mm，体黑色，具黄白色或淡绿色斑纹，触角 26 节，稀 25 节，鞭节第 1 节最长，稍长于后 2 节之和；雄蜂体长 7.6～11.0 mm，浅色斑较少，触角 24～25 节，少数 26～27 节。

生活史： 一年发生 1 代，以老熟幼虫在枯枝落叶下的浅土层内做土室越冬。5 月下旬为虫羽化高峰期，7 月上中旬为幼虫为害高峰期。

危害： 主要危害落叶松。

防治方法： 4 月上旬，悬挂黄绿色粘虫板防治成虫。5 月下旬，人工喷烟防治幼虫。

落叶松腮扁叶蜂-为害状
（延庆区佛爷顶-王长民 2021 年 6 月 9 日拍摄）

落叶松腮扁叶蜂-卵（延庆区佛爷顶-王长民 2022 年 5 月 17 日拍摄）

落叶松腮扁叶蜂-幼虫
（延庆区佛爷顶-王长民
2021 年 5 月 28 日拍摄）

落叶松腮扁叶蜂-雄成虫
（延庆区佛爷顶-王长民
2021 年 5 月 11 日拍摄）

落叶松腮扁叶蜂-雌成虫
（延庆区佛爷顶-王长民
2021 年 5 月 11 日拍摄）

90 延庆腮扁叶蜂 *Cephalcia yanqingensis* Xiao

膜翅目 扁叶蜂科

分布范围：北京市延庆区有危害（除此未在其他地方发现）。

识别特征：雌成虫体长13～19 mm，翅展22～34 mm；体红褐色；触角黄褐色，末端1～2节带黑色；头黄褐色，在两眼之间中央偏上有3个小黑点呈倒等腰三角形排列；眼、单眼基部周围、上颚前端、中胸前盾板、盾板内缘及后缘、小盾片、小盾片侧区、后背板、后背片、后胸盾片、锯鞘均为黑色；前翅顶角及外缘淡烟褐色，其余部分淡黄色透明；触角30节，第1节长：第3节长：第4～5节长为24：32：21。雄成虫体长10～16 mm，翅展21～25 mm；触角基端黄色，中部褐黄色，末端带黑色；头部黑色；须，上3鄂基部唇基，触角间，鄂脊，触角侧区，鄂，眼区距，颊均黄色；胸部黑色，前胸背板两侧，翅基片，中胸前侧片均黄色；腹部黑色，腹背板1、2节两侧，4、5节（后缘除外），6节前缘及两侧，7、8节两侧、腹板除前缘两侧，外生殖器均为黄色。触角27节。第1节长：第2节长：第4～5节长为1：2.06：1.66。

生活史：延庆腮扁叶蜂在北京延庆区1～2年发生一代，但以一年一代为主。除老熟幼虫在地下滞

延庆腮扁叶蜂-为害状
（延庆区四海镇-王长民2013年6月11日拍摄）

延庆腮扁叶蜂-卵、幼虫
（延庆区佛爷顶-王长民2020年7月4日拍摄）

延庆腮扁叶蜂-蛹
（延庆区佛爷顶-王长民2004年5月4日拍摄）

育休眠长短不同外（一年一代290天、两年一代655天），其余生活习性相同，群体发生比较整齐。主要以幼虫为害油松松针。9月初以老熟幼虫入土做土室滞育休眠，入土深度1~20 cm、5~15 cm均有分布，入土深度与土壤结构有关，土层疏松入土深，反之则浅。翌年5月上旬化蛹，蛹期13~16天。5月底成虫开始羽化。6月下旬成虫羽化结束。6月中旬为产卵盛期，卵期15天。幼虫6月末出现，并迅速进入孵化盛期；一直持续到7月末，8月上旬孵化终止。幼虫期6月末至9月下旬，9月下旬全部坠落树下入土做土室越冬。

危害：主要危害油松。

防治方法：5月上旬，悬挂红色粘虫板防治成虫。6月下旬，人工喷烟防治幼虫。

延庆腮扁叶蜂-雄成虫
（延庆区佛爷顶-王长民2021年5月26日拍摄）

延庆腮扁叶蜂-雌成虫（延庆区佛爷顶-王长民2021年6月16日拍摄）

91 刺槐叶瘿蚊 *Obolodiplosis robiniae* (Haldemann)

双翅目 瘿蚊科

分布范围：北京、吉林、山西、河北、甘肃等地。

识别特征：成虫身体色泽、大小和形态特征与蚊子成虫相似。雌成虫体长3.2~3.8 mm；触角丝状，14节，复眼大，几乎占据头顶大部分区域；胸部背面有3个纵长形大黑斑，前翅发达，有黑色绒毛，后翅特化成平衡棒。腹部

刺槐叶瘿蚊-幼虫（延庆区古城-王长民2007年7月30日拍摄）

橘红色，腹末稍尖。足细长，均显著长于体。雄成虫与雌成虫相似，但体较小，体长2.7~3.0 mm，触角26节。腹部背面黑褐色，具有浅色而较密的细毛，外生殖器露于腹末；生殖刺突长而显著，长于其基部的生殖突基节。卵呈长卵圆形，淡褐红色，半透

明，长 0.27 mm，宽 0.07 mm。产于叶片背面，散产。幼虫体长 2.8~3.6 mm，纺锤形至长椭圆形，乳白色至淡黄色；生有 9 对气门，分别着生于前胸、腹部 1~8 节背面两侧。

生活史： 刺槐叶瘿蚊在北京地区一年发生 5 代。4 月中旬成虫羽化。4 月下旬初第 1 代幼虫开始孵化，5 月下旬为幼虫发生盛期，蛹期为 5 月中旬至 6 月中旬，成虫出现在 5 月中下旬；第 2 代幼虫期为 5 月下旬至 7 月中旬，蛹期为 6 月中旬至 7 月中旬，成虫出现在 6 月中旬；第 3 代幼虫期为 6 月下旬至 7 月中旬，蛹期为 7 月上中旬，成虫出现在 7 月中旬；第 4 代幼虫期为 7 月中旬至 8 月初，蛹期为 7 月下旬至 8 月上旬，成虫出现在 7 月下旬。1~4 代老熟幼虫在虫瘿内化蛹，越冬代老熟幼虫 9 月下旬开始下树，历时 4~5 天，做茧在表土越冬。

危害： 刺槐。

防治方法：

（1）化学防治。每年土壤解冻后，在刺槐展叶前，对于上一年虫害较为严重的地块，在成虫羽化出土前提前进行土壤杀虫。

（2）物理防治。在 10 月底落叶后要及时组织人员对危害严重的林区进行落叶清扫，集中焚烧后掩埋，防止虫卵越冬。

刺槐叶瘿蚊-成虫（延庆区静心园-王长民 2020 年 5 月 7 日拍摄）

刺槐叶瘿蚊-为害状（延庆区古城-王长民 2007 年 7 月 30 日拍摄）

92 榛黄达瘿蚊 *Dasinura corylifalva*

双翅目 瘿蚊科

分布范围： 北京、河北、辽宁、吉林、黑龙江、内蒙古、山东等地。

识别特征：成虫呈浅黄褐色，体长 1.4～2.2 mm，翅长 1.1～1.5 mm，翅宽 0.48～0.75 mm。体微小且十分纤弱。前膜质、透明脉序简单，仅有 3 条纵脉，翅缘着生褐色细毛，排列整齐，翅表面布有浅褐色柔毛，显微镜下观察有金属光泽，后翅退化呈船桨状。足的跗节密被鳞和疏毛，其他各节具稀疏的毛。腹部第 2～6 节腹板各具 1 个双排的尾刚毛排，3～4 节背板各具 1 排尾刚毛排，中间间断。雄虫触角 2+11 节，外生殖器具尾须 2 瓣，肛下板 2 瓣状；雌虫触角 2+13 节。产卵器针状。细长，可套缩，具 2 个受精囊。卵呈橘色，长椭圆形，0.05 mm 左右，长径是短径的 5 倍左右。初孵幼虫白色，蛆形，透明，0.5 mm 左右。为害期幼虫白色，2 mm 左右，老熟幼虫乳白色，3～4 mm，前胸腹面的剑骨片近"十"字形，臀节末端背部有 4 个与体同色的瘤状刺突。茧呈椭圆形，长 3～5 mm，宽 2 mm，丝质，灰白色，由老熟幼虫分泌液黏缀而成，其外部黏附细土粒。蛹近纺锤形，化蛹初期黄色，后期变为橘黄色，长 2.5～3.0 mm。

生活史：榛黄达瘿蚊一年发生 1 代，以老熟幼虫结茧在枯枝落叶层下 10 cm 以上的表土中越冬。翌年榛芽萌动时开始化蛹，蛹期 13～15 天。4 月下旬出现成虫，5 月中旬为成虫羽化盛期，6 月中旬成虫羽化结束。5 月中旬幼虫开始孵化，5 月下旬至 6 月上旬是幼虫为害盛期，6 月中旬幼虫开始自虫瘿内脱落、结茧，夏眠后越冬。

危害：平榛、毛榛、大果榛、平欧杂交榛。

防治方法：

（1）保护和利用瓢虫、蜘蛛、草蛉等天敌，以减少瘿蚊的种群数量。

（2）4 月中下旬在榛子园中悬挂黄色粘虫板，规格 25 cm×40 cm，双面涂。

（3）在成虫期和幼虫期的 5 月上旬至 6 月上旬人工摘除叶片和果序上的虫瘿，集中消灭或深埋。

（4）在 5 月上旬幼虫期，可喷药防治。喷药要把树干、枝条、叶片、果序全喷到，萌蘖和地面植被也应喷施药剂。

榛黄达瘿蚊-榛子（延庆区平台子-王长民2020年6月30日拍摄）

93 绿芫菁 *Lytta caraganae* Pallas

鞘翅目 芫菁科

分布范围： 北京、河北、山西、内蒙古、宁夏、辽宁、吉林、黑龙江、上海、江苏、浙江、安徽、江西、山东、河南、湖北、湖南、陕西、甘肃、青海、新疆等地。

识别特征： 成虫体长 11.5～17 mm，蓝绿色，鞘翅绿色，有金属光泽；头部三角形，有稀疏刻点，额中央有略呈菱形的橙红色斑 1 个；触角黑色，念珠状；前胸背板宽大于长，有稀疏细刻点，背中沟明显，后缘略波状；鞘翅具细小刻点和皱纹；体腹及足均被短毛。幼虫复变态形态多变。

生活史： 北京一年发生 1 代，以假蛹在土中越冬。翌年蜕皮化蛹，5—9 月为成虫为害期，成虫早晨群集在枝梢上食叶为害，严重时把叶片吃光，有假死性，受惊时足部分泌对人体有毒的黄色液体。

危害： 槐树、刺槐、紫穗槐、锦鸡儿、荆条、柳、黄檗、梨等。

防治方法： 清晨人工捕捉成虫。发生严重时喷药进行防治。

绿芫菁-成虫（延庆区古龙路-王长民2007年6月4日拍摄）

94 榆黄叶甲（榆黄毛萤叶甲） *Pyrrhalta maculicollis* (Motschulsky)

鞘翅目 叶甲科

分布范围： 北京、陕西、甘肃、黑龙江、吉林、辽宁、河北、山西、河南、山东、江苏、浙江、江西、福建、台湾、广东、广西。河北张家口市怀来有危害。

识别特征： 成虫体长 6.0～7.5 mm。全身被毛，黄褐色至褐色，触角大部黑色，头顶及前胸背板各具 1 个和 3 个黑斑，鞘翅肩部具黑斑。幼虫腹部末节具大黑斑。

生活史：一年发生 2 代，以成虫越冬。成虫和幼虫取食榆幼虫在地面杂草下群集化蛹；北京 4—10 月可见成虫。

危害：榆。

榆黄叶甲-为害状
（怀来甘字堡-何建斌 2021 年 8 月拍摄）

榆黄叶甲-卵
（怀来文化广场-何建斌 2024 年 5 月拍摄）

榆黄叶甲-幼虫
（怀来文化广场-何建斌 2022 年 6 月拍摄）

榆黄叶甲-成虫
（怀来沙城滨河-何建斌 2022 年 5 月拍摄）

95 榆蓝叶甲（榆绿毛萤叶甲）*Pyrrhalta aenescens* (Fairmaire)

鞘翅目　叶甲科

分布范围：北京、陕西、甘肃、内蒙古、吉林、辽宁、河北、山西、河南、山东、江苏、台湾。

识别特征：成虫体长 7.5～9.0 mm。全身被毛，橘黄色至黄褐色，头顶及前胸背板各具 1 个和 3 个黑斑，鞘翅绿色。触角背面黑色，第 3 节约是第 2 节长的 2 倍。

生活史：一年发生 1～2 代，以成虫在建筑物缝隙及枯枝落叶下越冬。榆树发芽期（4 月上旬）越冬成虫开始啃食芽叶或枝条嫩皮；5 月上旬幼虫开始为害；6 月上旬老熟幼虫群集在榆树枝干的伤疤处化蛹；成虫寿命较长，但越冬死亡率高。

危害：榆。

榆蓝叶甲-幼虫
（怀来文化广场-何建斌2016年6月拍摄）

榆蓝叶甲-成虫
（怀来文化广场-何建斌2023年5月拍摄）

96 榆紫叶甲 *Ambrostoma quadriimpressum* (Motschulsky)

鞘翅目 叶甲科

分布范围：北京、内蒙古、黑龙江、吉林、辽宁、河北、山东、浙江、江苏。

识别特征：成虫体长 8.5～11.0 mm。体背金绿色，间有紫铜色，鞘翅基部凹陷之后具 5 条规则的紫铜色纵条纹，足紫罗兰色。前胸背板侧缘较直，背板两侧具粗大刻点，后缘刻点密，相对较细。

生活史：一年发生 1 代，以成虫在土中或树洞中越冬。4月上旬越冬代成虫取食芽和幼叶，5月下旬老熟幼虫入土化蛹，6月上旬第 1 代成虫大量取食，进入夏季高温季节群集于树干阴凉处夏眠，9月下旬进入越冬状态。

危害：榆。

榆紫叶甲-成虫
（怀来茨儿山-何建斌2021年7月拍摄）

榆紫叶甲-卵
（延庆张山营-王长民2015年6月8日拍摄）

97 杨叶甲 *Chrysomela populi* (Linnaeus)

鞘翅目 叶甲科

分布范围：北京、陕西、青海、甘肃、宁夏、新疆、内蒙古、黑龙江、吉林、辽宁、河北、山西、山东、江苏、安徽、浙江、江西、福建、湖北、湖南、广西、四川、贵州、云南、西藏。河北省张家口市怀来县有危害。

杨叶甲-为害状（怀来植物园-何建斌2022年6月拍摄）

识别特征：成虫体长 8.0～12.5 mm，体黑蓝色，具金属光泽，鞘翅棕黄色至红色，翅端鞘缝处常具1个小黑斑。卵橙黄色，长椭圆形，长 2 mm。幼虫体长 15～17 mm，头黑色，胸腹部白色略带黄色光泽。前胸背板具1对弧形黑斑，各节具成列黑斑，以体背两列黑斑大而明显，中、后胸两侧各具黑肉刺突1个，腹部各节两侧气门上、下线处亦各具一黑色疣状突起，但稍短平。尾端黑色，腹面具伪足状突起。蛹长约 10 mm，金黄色。

杨叶甲-卵（怀来植物园-何建斌2022年6月拍摄）

生活史：一年2代，以成虫在枯枝落叶层中或土中越冬。成虫和幼虫取食多种杨、柳，北京4—8月可见成虫。

危害：杨柳科植物。

防治方法：

（1）人工摘除卵块。于早春越冬成虫上树为害时，利用其假死性，振落捕杀。冬、春清除园内或树林内落叶、杂草，可杀灭部分越冬成虫。

杨叶甲-幼虫（怀来水峪口-何建斌2022年7月拍摄）

（2）生物防治。保护利用天敌，如蛹体内寄生小蜂。

杨叶甲-成虫（怀来植物园-何建斌2022年6月拍摄）

98 柳蓝叶甲（柳圆叶甲）*Plagiodera versicolora* (Laicharting)

鞘翅目 叶甲科

分布范围： 北京、陕西、甘肃、宁夏、内蒙古、黑龙江、吉林、辽宁、天津、河北、山西、河南、山东、江苏、安徽、浙江、江西、福建、台湾、湖北、湖南、四川、贵州。北京延庆区，河北怀来县土木镇、北辛堡镇、小南辛堡镇、桑园镇，赤城县有危害。

识别特征： 成虫体长 4.0～4.5 mm。体深蓝色，具金属光泽，有时带绿光，触角和小盾片黑色，腹面蓝黑色，末端棕黄触角第2、第4节均短于第3节，其余各节向端部逐渐加粗。

生活史： 一年3代，以成虫越冬。成虫和幼虫取食多种柳、杨等；北京4—9月可见成虫。

危害： 杨柳科植物。

柳蓝叶甲-卵
（怀来卧牛山-何建斌2022年5月拍摄）

柳蓝叶甲-幼虫
（怀来暖泉公园-何建斌2022年5月拍摄）

柳蓝叶甲-蛹
(怀来帝曼河滩-何建斌2024年6月拍摄)

柳蓝叶甲-成虫
(怀来帝曼河滩-何建斌2022年6月拍摄)

99 柳十八斑叶甲（柳十八星叶甲、柳九星叶甲）
Chrysomela salicivorax (Fairmaire)

鞘翅目 叶甲科

分布范围： 北京、陕西、甘肃、吉林、辽宁、河北、山东、安徽、浙江、江西、四川、贵州。

识别特征： 成虫体长6～8 mm；头部、前胸背板中部、小盾片及腹面深青铜色，前胸背板两侧及鞘翅灰白色至橙红色，每翅上各有黑斑9个（斑纹可减少，甚至无斑纹），中缝黑蓝色。初孵幼虫黑色，2龄后深褐色，老熟时体黄色，体长9～11 mm，体表有黑色瘤突。蛹体椭圆形，长7～8 mm，黄色，背有成列黑点，末端停留在末龄幼虫蜕皮内。

生活史： 一年发生2代，以成虫在落叶层内、土缝或树皮缝内越冬。4月中旬越冬成虫（杨、柳发芽放叶期）出蛰，5月上旬幼虫孵化，6月可见各种虫态，7月上旬是为害盛期，10月下旬下树越冬。

危害： 柳、小叶杨、小青杨等。

柳十八斑叶甲-卵
(怀来卧牛山-何建斌2017年5月拍摄)

柳十八斑叶甲-幼虫
(怀来帝曼河滩-何建斌2022年6月拍摄)

防治方法： 成虫期，利用假死性人工振落捕杀成虫。

柳十八斑叶甲-成虫（怀来帝曼河滩-何建斌2023年6月拍摄）

100 葡萄十星叶甲（十星瓢萤叶甲） *Oides decempunctata* (Billberg)

鞘翅目 叶甲科

分布范围： 北京、陕西、甘肃、吉林、河北、山西、河南、山东、江苏、浙江、安徽、江西、福建、台湾、湖北、湖南、广东、广西、香港、海南、四川、贵州。

识别特征： 成虫体长10～12 mm，椭圆形，黄褐色或橙褐色；头小隐于前胸下；复眼黑色；触角淡黄色丝状；鞘翅密布小刻点，每翅面各有黑色斑块5个，呈2、2、1排列。老熟幼虫土黄或灰黄色；胸背有褐色突起2行，每行4个。

生活史： 一年3代，以成虫越冬。成虫和幼虫取食多种柳、杨等；北京4—9月可见成虫。

危害： 五叶地锦、地锦、葡萄、芍药、牡丹、紫藤和凌霄等。幼虫、成虫均可为害；严重发生时，可将寄主叶片吃光，仅留叶柄；成虫似瓢虫，昼伏夜出，有假死性。

葡萄十星叶甲-卵
（延庆井庄-何建斌2020年9月拍摄）

葡萄十星叶甲-成虫
（延庆井庄-何建斌2020年9月拍摄）

防治方法：用竹竿或木棍敲打、振落捕杀成虫及幼虫。幼虫期、成虫期均可释放天敌蠋蝽进行防治。

101 黄栌胫跳甲（黄栌直缘跳甲、黄点直缘跳甲）
Ophrida xanthospilota Baly

鞘翅目 叶甲科

分布范围：北京、河北、山东、湖北、四川。河北省张家口市怀来县沙城镇、存瑞镇有危害。

识别特征：体长 6.7～7.0 mm。体宽卵形，黄棕色至红棕色，触角黄棕色，端部 1～3 节黑色，有时第 8 节端部亦黑褐色。鞘具众多小白斑，位于刻点行之间。触角长，几达鞘翅中部，第 1 节粗长，为第 2、第 3 节长之和。

生活史：一年发生 1 代，以卵块在黄栌枝杈或伤疤处越冬，卵块重叠并有黑褐色分泌物包被；黄栌展叶期，初孵幼虫为害芽苞，4 月下旬进入幼虫为害盛期；5 月下旬老熟幼虫入土化蛹；6 月中下旬成虫大量出现；7 月即可见到新的卵块。

危害：黄栌、刺槐、酸枣。

防治方法：

（1）人工防治。3 月初可人工摘除卵块，5 月中旬人工清理黄栌周围土层中的土茧。

（2）药剂防治。在 4 月上旬幼虫孵化盛期，使用 2.5% 高效氯氰菊酯乳油 1 500 倍液喷雾喷药防治。

（3）生物防治。保护和利用蠋蝽、蝽、赤眼蜂、跳小蜂等天敌。

黄栌胫跳甲-卵块（延庆区张山营-王长民 2016 年 11 月 2 日拍摄）

黄栌胫跳甲-幼虫
（怀来植物园-何建斌 2023 年 5 月拍摄）

黄栌胫跳甲-成虫
（怀来植物园-何建斌 2022 年 6 月拍摄）

102 柳沟胸跳甲 *Crepidodera pluta* (Latreille)

鞘翅目 叶甲科

分布范围：北京、甘肃、新疆、黑龙江、吉林、河北、山西、湖北、云南、西藏。

识别特征：体长 2.8~3.0 mm。体背蓝色或绿色，前胸背板常带金红色金属光泽；触角基部 4 节淡棕黄色，其余黑色，触角可伸达鞘翅基部 1/3 处，第 1 节粗大；足棕黄色后，足腿节大部分深蓝色，粗大；鞘翅具 10 列刻点。

柳沟胸跳甲-成虫
（怀来狼山林场-何建斌 2023 年 5 月拍摄）

生活史：一年 1 代，以成虫在枯枝落叶和土中越冬。成虫取食柳、杨，北京 4—6 月和 8—9 月可见成虫，具趋光性。幼虫习性不清楚，可能在枯枝落叶层中取食枯叶。

危害：柳、杨。

103 杨梢肖叶甲 *Parnops glasunowi* Jacobson

鞘翅目 叶甲科

分布范围：北京、陕西、甘肃、新疆、内蒙古、辽宁、河北、山西、河南。河北省张家口市怀来县桑园镇、沙城镇、存瑞镇、王家楼乡有危害。

识别特征：成虫体长 5.0~6.2 mm。体黑色，密被灰黄色倒伏鳞片状毛；触角及足淡红褐色。触角丝状，约为体长之半，第1节粗大，长椭圆形，第2节短于第3节而稍粗，第4节稍长于第3节而短于其后各节。前胸背板近矩形，宽大于长，与鞘翅基部约等宽，侧缘平直，后角呈直角。小盾片舌形，鞘翅基部宽，稍向端部收窄。

生活史：一年发生1代，以幼虫在土中越冬。翌年4月越冬幼虫化蛹，5月上旬成虫羽化，5月中旬至6月上旬为成虫发生盛期。成虫取食杨、柳的梢和叶片，幼虫在土中生活。

危害：杨柳科植物。

杨梢肖叶甲-成虫（怀来植物园-何建斌2022年6月拍摄）

104 中华萝藦叶甲 *Chrysochus chinensis* Baly

鞘翅目 叶甲科

分布范围：北京、陕西、宁夏、甘肃、青海、内蒙古、黑龙江、吉林、辽宁、河北、山西、河南、山东、江苏、浙江、江西。河北省张家口市怀来县有危害。

识别特征：体长 7.2~13.5 mm。体蓝紫色、蓝色或蓝绿色。触角黑色，端部5节无光泽；复眼内侧具1条浅狭沟。鞘翅基部1/4处有一横沟，明显。爪呈双齿形，一大一小。

生活史：一年1代，以老熟幼虫在土中越冬，成虫多取食萝藦科植物（如萝藦、地梢瓜），也会取食茄、甘薯、刺儿菜等植物，幼虫在地下取食根。北京5—8月可见成虫。

危害：紫云英、茶叶花。

中华萝藦叶甲-成虫（延庆区小丰营-王长民 2013 年 6 月 25 日拍摄）

105 槭隐头叶甲 Cryptocephalus mannerheimi Gebler

鞘翅目　叶甲科

分布范围： 北京、河北等。怀来县王家楼乡、赤城县有危害。

识别特征： 成虫体长 7.9 mm，宽 4.4 mm。体黑色，光亮，具黄斑。头顶刻点小而深；额刻点常汇成皱纹状；触角基部有光亮小瘤。雄性触角达体长的 3/4，雌性约达体长的 1/2。前胸背板横宽，向前渐收缩，基部中部稍后凸；盘区刻点长形，不密小盾片长方形，具稀疏刻点。鞘翅基部肩胛内侧稍凹，肩胛、小盾片两侧和后端隆起；侧缘中部之后较直，中部之前稍弧弯；盘区刻点较前胸背板大，肩胛下方常有横皱纹。

危害： 茶条槭、榆树等。

槭隐头叶甲-成虫（延庆区佛爷顶-王长民 2021 年 7 月 2 日拍摄）

106 中华钳叶甲 *Labidostomis chinensis* Lefèvre

鞘翅目 叶甲科

分布范围：北京、陕西、甘肃、内蒙古、黑龙江、吉林、辽宁、河北、山西、山东。

识别特征：成虫体长 6～9 mm。体蓝绿色，具金属光泽；鞘翅棕黄色，肩部无黑斑；触角基部 4 节黄褐色，锯齿节具蓝紫色闪光；头胸部和体腹面密被白毛。触角第 2 节球形，与第 3 节长度相近而稍宽，第 4 节长于第 3 节，外侧顶角端略呈角形突出，自第 5 节起呈锯齿状。前足粗大，胫节细长，向内弯曲。

生活史：北京 7 月可见成虫。

危害：蒿、榆叶梅，取食胡枝子、青杨。

中华钳叶甲-成虫（怀来北山公园-何建斌2022年7月拍摄）

107 阔胫萤叶甲（薄翅萤叶甲） *Pallasiola absinthii* (Pallas)

鞘翅目 叶甲科

分布范围：北京、陕西、宁夏、甘肃、青海、新疆、内蒙古、黑龙江、吉林、辽宁、河北、四川、云南、西藏。

识别特征：成虫体长 6～9 mm。体蓝绿色，具金属光泽；鞘翅棕黄色，肩部无黑斑；触角基部 4 节黄褐色，锯齿节具蓝紫色闪光；头胸部和体腹面密被白毛。触角第 2 节球形，与第 3 节长度相近而稍宽，第 4 节长于第 3 节，外侧顶角端略呈角形突出，自第 5 节起呈锯齿状。前足粗大，胫节细长，向内弯曲。

生活史：北京 7 月可见成虫。

危害： 蒿、榆叶梅，取食胡枝子、青杨。

阔胫萤叶甲-雌成虫（怀来长安岭-何建斌2023年9月拍摄）

108 黑跗曲波萤叶甲 *Doryxenoides tibialis* Laboissière

鞘翅目 叶甲科

分布范围： 北京、陕西、河北、湖北、云南。

识别特征： 体长10~12 mm。体黄色至黄褐色，头胸部稍深，触角黑色，第1节基大部常浅色（有时浅色区较小），足腿节端部及以下黑色。触角第1节略弯，向端部膨大，第2节短，长不及第3节之半，第4节长略长于第3节。前胸背板宽大于长，侧缘前半部近于平行，后半部明显向后收缩。小盾片舌形。每鞘翅具4条细纵线，后侧缘常扩展。

生活史： 北京7—10月可见成虫，具趋光性；中低龄幼虫在小枝上聚集脱皮，有时发生量较大。

危害： 栓皮栎、槲树、蒙古栎、胡枝子、青杨、榆叶梅、蒿等。

黑跗曲波萤叶甲-幼虫（延庆区刘斌堡-王长民2020年5月23日拍摄）

黑跗曲波萤叶甲-成虫（延庆区玉皇庙-王长民2020年9月3日拍摄）

109 枸杞负泥虫 *Lema decempunctata* Gebler

鞘翅目 叶甲科

分布范围： 北京、天津、河北、山西、内蒙古、宁夏、新疆、青海、甘肃、辽宁、吉林、黑龙江等地。

识别特征： 成虫体长椭圆形，头胸狭长，鞘翅宽大；头、触角、前胸背板、小盾片体腹面均蓝黑色，鞘翅黄褐至红褐色；每个鞘翅上有近圆形黑斑5个，其中肩胛1个，中部前后各2个，斑点变异大，直至全消失，鞘翅每行刻点4~6个；头部有粗密黑点，头顶平，中央有纵沟1条。卵长形，橙黄色。幼虫体灰黄色，头黑色，反光；前胸背板黑色，中间分离，胴部各节背面具细毛2横列，腹部各节具吸盘1对。蛹体浅黄色，腹端具刺毛2根。

生活史： 北京一年发生3~4代，以老熟幼虫入土结茧越冬。4—9月是为害期；成虫喜在枝叶上栖息，产卵于叶的正、背面，卵排成"人"字形。

危害： 枸杞。

防治方法： 秋末或早春挖除土表的越冬幼虫。在幼虫盛发期向树冠喷洒3%高渗苯氧威乳油3 000倍液。

枸杞负泥虫-为害状
（怀来暖泉公园-何建斌2023年8月拍摄）

枸杞负泥虫-卵
（怀来帝曼河滩-何建斌2022年6月拍摄）

枸杞负泥虫-幼虫（怀来帝曼河滩-何建斌2022年6月拍摄）

枸杞负泥虫-成虫
（怀来三营-何建斌2023年6月拍摄）

枸杞负泥虫-成虫
（怀来暖泉公园-何建斌2023年8月拍摄）

110 十四点负泥虫 *Crioceris quatuordecimpunctata* (Scopoli)

鞘翅目 叶甲科

分布范围： 北京、河北、黑龙江、吉林、辽宁、内蒙古、陕西、山东、江苏、浙江、福建、广西、山西等地。

识别特征： 成虫体椭圆形，棕黄或黄褐色；头部带黑点，前胸背板前半部有呈"一"字形排列的黑斑4个，基部中央1个；鞘翅有橙色型和黑色型两种。橙色型每个鞘翅上有黑斑7个，其中基部3个，肩中部和后部各2个。体背光洁。卵乳白至浅黄绿色，后深褐色。幼虫寡足型，老龄体暗黄色，光亮，颈细，腹部肥胖隆起，肛门外露，体外常具泥状粪便。蛹体鲜黄色。茧椭圆形。

十四点负泥虫-成虫
（怀来植物园-何建斌2023年8月拍摄）

生活史： 北京一年发生3~4代，以成虫在土下或枯枝落叶内越冬。5月、7月和9月各为3个世代的幼虫发生高峰期。卵产于茎、叶，卵期3~9天，蛹期6~8天，成虫寿命约50天。成虫具假死性，能短距离飞翔。

危害： 主要危害芦笋及芦笋同属的植物，如文竹、天冬草、龙须菜、南玉带。此外室内喂养发现可食小麦。啃食嫩茎、母茎或秋茎表皮、拟叶，破坏输导组织，造成嫩茎弯曲、畸形，笋株变矮，分枝和拟叶丛生。

防治方法： 秋末和早春清除枯枝落叶，消灭越冬成虫。在成虫出土盛期或幼虫发生盛期喷洒药剂防治。利用成虫假死性振落和捕杀成虫。

111 榆锐卷象 *Tomapoderus ruficollis* Fabricius

鞘翅目 卷象科

分布范围：北京、河北、山西、山东、江苏、安徽、贵州以及东北。

识别特征：成虫体长 5.6～7.6 mm，体黄色至橘黄色，鞘翅青蓝色，具金属光泽，触角除基节外褐色，头顶及复眼后有时具黑斑；前胸背板长于宽，钟罩形，中沟两侧具半月形深刻痕。

生活史：一年 2 代，以成虫在枯枝落叶或表土中越冬。寄主为多种榆和榉。成虫取食叶片，产卵前把一片叶子卷成筒状，产卵其中，幼虫在其中取食和生活。北京 5 月、7—10 月可见成虫。

危害：榆。

榆锐卷象-为害状（延庆区旺泉沟-王长民 2007 年 7 月 25 日拍摄）

榆锐卷象-蛹（延庆区旺泉沟-王长民 2007 年 7 月 25 日拍摄）

榆锐卷象–成虫（怀来文化广场–何建斌2023年5月拍摄）

112 栎长颈象 *Paracycnotrachelus chinensis* (Jekel)

鞘翅目 卷象科

分布范围：北京、陕西、青海、黑龙江、吉林、辽宁、河北、山西、河南、山东、江苏、安徽、浙江、江西、福建、台湾、湖北、广东、香港、四川、云南。

识别特征：体长 7.2～11.1 mm。体红褐色，头、触角柄节和棒节、腹面及足腿节常暗红褐色，体背无毛。雄虫头长，复眼后具细长的头颈，明显长于前胸背板，基部细，具皱纹；触角11节，端节端部尖。雌虫头较短，头颈粗宽，稍长于前胸背板，基部不具皱纹。鞘翅两侧近于平行，行纹明显，行间较隆起。

生活史：北京6月底至9月可见成虫。成虫取食嫩叶，并卷叶为子代做虫巢。

危害：板栗、栓皮栎等栎类植物。

栎长颈象–成虫（延庆区茶壶沟–王长民2022年5月25日拍摄）

113 梨卷叶象（梨金象） *Byctiscus betulae* (Linnaeus)

鞘翅目 虎象科

分布范围： 北京、河北、内蒙古、黑龙江、吉林、辽宁、河南、江西、贵州。北京市延庆区有危害。

识别特征： 成虫体长 6.4～7.4 mm。体青蓝色或豆绿色，略具光泽。头长方形，复眼很大，近圆形，微突出；喙粗短，较头部长但短于或等于前胸长；触角 11 节，棒节密生黄棕色绒毛。前胸背板长不大于宽，被细刻点，侧缘呈球面状隆起，雄虫侧缘具 1 枚大刺。鞘翅具不规则的深刻点列，行间窄；鞘翅表面尤其后半部明显被毛。

生活史： 一年发生 1 代，以成虫在地被物或表土中越冬。翌年早春杨树展叶时，越冬成虫出蛰，4 月中旬至 5 月下旬为成虫卷叶产卵期，5 月中旬至 7 月下旬为幼虫取食为害期，9 月中下旬成虫取食杨树叶片补充营养后入土越冬。

危害： 桦属、榛属、锻属、梨属、榆属、柳属、杨属、葡萄属及山楂、苹果、桃等。

梨卷叶象-为害状
（延庆区大营-王长民 2015 年 4 月 24 日拍摄）

梨卷叶象-成虫-为害状
（延庆区大营-王长民 2004 年 9 月 8 日拍摄）

梨卷叶象-幼虫
（怀来茨儿山-何建斌 2024 年 7 月拍摄）

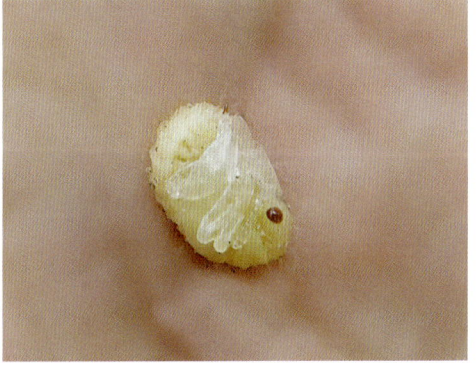

梨卷叶象-蛹
（延庆区张山营-王长民 2015 年 8 月 26 日拍摄）

梨卷叶象-成虫（怀来长安岭-何建斌2024年6月拍摄）

114 榆跳象 *Orchestes alni* (Linnaeus)

鞘翅目 象甲科

分布范围： 北京、河北、陕西、宁夏、甘肃、内蒙古、吉林、辽宁、天津、江苏、上海、安徽。河北省张家口市怀来县有危害。

识别特征： 成虫体长 2.6～3.1 mm。体背及足棕色及黑褐色，小盾片黑褐色。鞘翅基部具黑色斑纹，2/3 处也有黑斑，独立或相连；雄虫斑纹明显，雌虫斑纹小或无。喙较粗，弯曲，常位于胸下。鞘翅具 10 条刻点列。后足腿节膨大。

生活史： 成虫在榆叶反面的中脉上产卵，幼虫潜叶；5—6月即可见新一代成虫取食嫩叶，即可进行越冬状态，成虫偶尔会上灯。

危害： 榆。

榆跳象-成虫
（延庆区张山营-王长民2021年5月27日拍摄）

榆跳象-成虫
（延庆区黄柏寺-王长民2020年5月3日拍摄）

115 杨潜叶跳象　Tachyerges empopulifolis (Chen)

鞘翅目　象甲科

分布范围：北京、河北、甘肃、山西、山东、内蒙古、黑龙江、辽宁。北京市延庆区有危害。

识别特征：成虫体长 2.3～2.7 mm；体黑色或黑褐色（羽化不久的成虫体表具锈黄色、黄色粉末），触角及足常浅黄褐色；前胸背板被指向内侧的尖细卧毛，鞘翅被尖细卧毛，小盾片具白色鳞毛；两眼大，几乎相接。

生活史：一年1代，以成虫在枯枝落叶层、表土层下越冬；幼虫潜叶，成虫羽化后啃食叶表层，4月起可见成虫，5月下旬可见新羽化的成虫；一直持续到10月下旬，为害严重时，可造成大量落叶。

危害：小叶杨、青杨、北京杨、加杨等杨树，幼虫老熟后把叶切成1个圆片（直径 4.5～5.0 mm），虫在其中，落在地面，幼虫在内伸屈，从而在地面上不断弹跳。

杨潜叶跳象-成虫
（延庆区三里河-王长民2012年4月25日拍摄）

杨潜叶跳象-叶苞
（怀来狼山林场-何建斌2020年5月拍摄）

116 柞栎象（栎实象）　Curculio dentipes (Roelofs)

鞘翅目　象甲科

分布范围：北京、河北、内蒙古、黑龙江、吉林、辽宁。河北省张家口市怀来存瑞镇、王家楼乡，赤城县有危害。

识别特征：成虫体长 5.5～10.0 mm；体黑色，密布灰褐色鳞片；雌虫喙比雄虫长，稍短于体长，触角着生于喙基部1/3处；雄虫喙短，明显短于体长，触角着生于喙的中部；鞘翅具不明显褐斑；后足腿节近端部具1个大齿；雄虫腹末具金色毛形鳞片。

生活史：多一年1代，以老熟幼虫在土下做土室越冬，少数两年或三年1代。北京6—8月可见成虫，具趋光性。

危害： 柞栎、麻栎、栓皮栎、辽东栎、板栗等的种实，幼虫蛀食多种壳斗科植物。

柞栎象-成虫
（怀来长安岭-何建斌2023年7月拍摄）

柞栎象-成虫
（怀来茨儿山-何建斌2024年6月拍摄）

117 紫穗槐豆象 *Acanthoscelides pallidipennis* (Motschulsky)

鞘翅目 豆象科

分布范围： 北京、河北、天津、内蒙古、黑龙江、吉林、辽宁、陕西、宁夏、新疆、河南、山东、浙江、江西。河北省张家口市怀来县有危害。

识别特征： 成虫雄虫体长1.5~2.0 mm，雌虫2.4~2.8 mm；头黑色，额部具稀疏白毛，唇基及复眼旁被密毛；触角基4节褐色，其余黑褐色，其中第5~10节锯齿形；前胸背板黑色，密被白色或淡黄色毛；鞘翅表皮大部呈红褐色，基缘、侧缘及翅缝处黑色；上面密被白色或淡黄色毛。腹部及臀板被均一的白色毛；后足腿节内侧近端部具4个小齿，其中第2个（从基部数）最大，上部还有些很小的突起。

生活史： 一年1代或2代，以老熟幼虫或2~4龄幼虫在紫穗槐宿存荚果种子

紫穗槐豆象-成虫
（怀来沙城五街-何建斌2022年7月拍摄）

紫穗槐豆象-成虫
（怀来沙城五街-何建斌2022年7月拍摄）

或仓贮种子内越冬。幼虫蛀食紫穗槐的种实。北京5—8月可见成虫。

危害：紫穗槐、山楂、旋覆花、刺儿菜等。

防治方法：

（1）增加营造乔灌混交林。

（2）紫穗槐豆象主要传播途径是通过种子调运进行传播，增强检疫措施。

（3）适时监测，设置捕虫网捕获部分成虫。

（4）检验种子，选取颜色正常、健康的种子。

118 柳丽细蛾 *Caloptilia chrysolampra* Meyrick

鳞翅目 细蛾科

分布范围：华北、东北、西北。

识别特征：成虫体长约4 mm，翅展约12 mm；前翅淡黄色，近中段前缘至后缘有淡黄白色大三角形斑1个，其顶角达后缘，后缘从翅基部至三角斑处有淡灰白色条斑1个，停落时两翅上的条斑汇合在体背上呈前钝后尖的灰白色锥形斑，翅缘毛较长，淡灰褐色，尖端的缘毛为黑色或带黑点。顶端翅面上有

柳丽细蛾-为害状
（怀来月亮岛-王长民2016年8月3日拍摄）

褐斑纹。触角长过腹部末端。足长约接近体长，白、褐相间。幼虫老熟体长约5.3 mm，长筒形，略扁，幼龄时乳白色略带黄色，近老熟时黄色略加深。

柳丽细蛾-幼虫
（怀来月亮岛-王长民2016年8月3日拍摄）

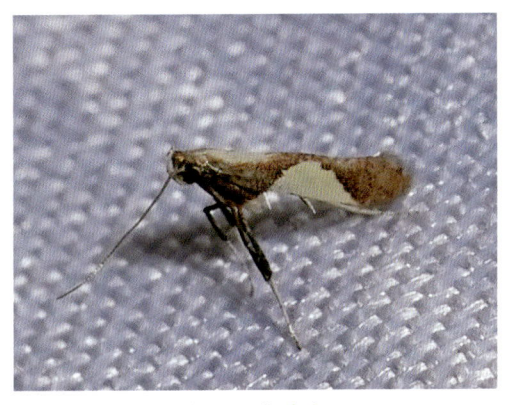

柳丽细蛾-成虫
（密云云湖-王长民2024年5月28日拍摄）

生活史：该虫以1~3龄幼虫潜叶为害，潜伏在叶肉层里，被害处常形成3~5 mm² 大小的黑斑；4~7龄幼虫自叶片上部卷叶为害，钻出叶层，不断甩头吐丝，卷出三角棕形的叶巢，然后在里面继续吃，直到化蛹、羽化飞出。所卷部分占整个叶片的1/3。为害严重时，整株柳条上布满直径为5~10 mm 的小粽子。严重影响柳条的光合作用，阻碍其正常生长。

危害：柳树。

119 梨星毛虫 *Illiberis pruni* Dyar

鳞翅目 斑蛾科

分布范围：北京、河北、辽宁、山西、河南、陕西、甘肃、山东、江苏等地。

识别特征：成虫体长10 mm左右，翅展20~30 mm，全身灰黑色，雌蛾触角短羽状，翅面有黑色绒毛，前翅半透明，翅脉清晰，色较深。卵扁椭圆形，长70~75 mm，初产时白色，渐变为淡黄色，孵化前呈暗褐色，数粒至百余粒不等。老龄幼虫乳白色，身体粗短，体长15~18 mm，中胸、后胸和腹部第1~8节侧面各有一圆形黑斑；各节背面有横列毛丛。蛹黑褐色，略呈纺锤形，体长约12 mm。茧白色，有内外两层。

梨星毛虫-为害状
（怀来植物园-何建斌2023年5月拍摄）

梨星毛虫-幼虫
（怀来植物园-何建斌2022年6月拍摄）

生活史：梨星毛虫在华北地区一年发生1代，以2~3龄幼虫在树皮裂缝等处做白色薄茧越冬。翌春梨花芽萌动时出蛰为害，但出蛰不整齐。幼虫于4月中旬进入盛期，为害花蕾，5月上中旬是为害叶盛期，大龄幼虫缀叶呈饺子状，居中食取叶肉，5月中下旬于包叶内结茧化蛹，6月上旬羽化，中下旬进入盛期。成虫多产卵于叶背，6月下旬开始孵化，7月上旬进入盛期，而后进入越冬。

危害：海棠、梨、苹果、山楂等园林植物。

防治方法：越冬前在树干上绑草，诱集越冬幼虫，然后集中销毁。越冬后或上树为害前刮掉树干上的老翘皮，集中处理。在花芽膨大期可喷药防治。

梨星毛虫-成虫
（怀来定州营-何建斌2022年6月拍摄）

120 榆斑蛾 Illiberis ulmivora Graeser

鳞翅目 斑蛾科

分布范围：东北、西北、华北、山东、河南。

识别特征：成虫体长约10 mm，淡黑至黑褐色，翅半透明；腹背各节后缘有黄褐鳞片，腹侧及腹末黄褐色，后渐淡；足黑褐色，被黄褐色鳞毛。卵长椭圆形，米黄至黄褐色。幼虫体长约10 mm，长筒形，黄色，粗短，多毛；头黑色，小，缩入前胸内；中、后胸及第3~5、第8~9腹节黑色，每体节两侧各有毛瘤5个，上生白色细毛。蛹体扁长筒形，黄至黄褐色。

生活史：北京一年发生1代，以老熟幼虫在落叶层、建筑物缝隙及虫孔道内结茧化蛹越冬。5—7月为成虫期，6—8月为卵期，6—10月为幼虫期。成虫产卵于幼叶背面，卵粒排列成块，整齐。幼龄幼虫群集，3龄后分散。蛹期长达9个月。

危害：榆。

防治方法：清除枯枝落叶，消灭越冬蛹。在3龄幼虫前向枝叶喷洒20%除虫脲悬浮剂7 000倍液。也可灯光诱杀成虫。

榆斑蛾-幼虫（延庆区大柏老村-王长民2021年8月21日拍摄）

121 草地螟 *Loxostege sticticalis* Linnaeus

鳞翅目 草螟科

分布范围：吉林、内蒙古、黑龙江、宁夏、甘肃、青海、河北、山西、陕西、江苏等地。

识别特征：成虫淡褐色，体长8～10 mm，前翅灰褐色，外缘有淡黄色条纹，翅中央近前缘有一深黄色斑，顶角内侧前缘有不明显的三角形浅黄色小斑，后翅浅灰黄色，有两条与外缘平行的波状纹。卵椭圆形，长0.8～1.2 mm，为3粒、5粒或7粒、8粒串状黏结成覆瓦状的卵块。幼虫共5龄，老熟幼虫16～25 mm，1龄淡绿色，体背有许多暗褐色纹，3龄幼虫灰绿色，体侧有淡色纵带，周身有毛瘤。5龄多为灰黑色，两侧有鲜黄色线条。蛹长14～20 mm，背部各节有14个赤褐色小点，排列于两侧，尾刺8根。

草地螟-幼虫（怀来沙城-何建斌2008年9月拍摄）

草地螟-成虫（怀来水口山-何建斌2023年6月拍摄）

生活史：在我国北方地区，一年发生2~4代，以老熟幼虫在土内吐丝做茧越冬。翌春5月化蛹及羽化。成虫飞翔力弱，喜食花蜜，卵散产于叶背主脉两侧，常3~4粒在一起，以距地面2~8 cm的茎叶上最多。初孵幼虫多集中在枝梢上结网躲藏，取食叶肉，3龄后食量剧增，幼虫共5龄。草地螟以老熟幼虫在丝质土茧中越冬。越冬幼虫在翌春，随着日照增长和气温回升，开始化蛹，一般在5月下旬至6月上旬进入羽化盛期。越冬代成虫羽化后，从越冬地迁往发生地，在发生地繁殖1~2代后，再迁往越冬地，产卵繁殖到老熟幼虫入土越冬。

危害：甜菜、大豆、向日葵、亚麻、高粱、豌豆、扁豆、瓜类、甘蓝、马铃薯、茴香、胡萝卜、葱、洋葱、玉米等。

122 黄杨绢野螟 *Diaphania perspectalis* (Walker)

鳞翅目 草螟科

分布范围：北京、河北、陕西、江苏、浙江、福建、湖北、湖南、广东、四川、西藏。国外主要分布于朝鲜、日本、印度及欧洲。

识别特征：成虫体绢白色；前翅半透明有绢丝光泽，前缘褐色，外缘、后缘有褐色带，中室内有白点2个，一个细小一个呈新月形；后翅白色，外缘有较宽的褐色边缘。卵扁平，椭圆形，鱼鳞状排列，初产黄绿色，不易发现。幼虫头部黑褐色，胸腹部浓绿色，背线、亚背线、气门上线、气门线、基线、腹线明显。

黄杨绢野螟-幼虫
（怀来文化广场-何建斌2018年5月拍摄）

生活史：北京一年发生2代，以2龄幼虫黏结2叶结包越冬，第2年3月末开始出包为害，4月下旬开始出现成虫，6月出现第1代幼虫，8月出现第2代成虫，9月幼虫结包准备越冬。

黄杨绢野螟-成虫
（怀来白龙潭-何建斌2021年6月拍摄）

危害：瓜子黄杨、雀舌黄杨、珍珠黄杨、庐山黄杨、朝鲜黄杨。

123 红云翅斑螟 *Oncocera semirubella* Scopoli

鳞翅目 螟蛾科

分布范围： 北京、河北、黑龙江、吉林、陕西、宁夏、甘肃、青海、台湾、广东、四川、贵州、云南等地。

识别特征： 翅展 19.0~28.5 mm。头顶被淡黄色隆起鳞毛。触角淡黄褐色，柄节长为宽的 2 倍，雄性缺刻内鳞片簇上面灰褐色，下面黄白色。下唇须弯曲上举，明显超过头顶，约是头长的 2 倍，内侧淡黄色，外侧褐色。雄性下颚须淡黄色，刷状，藏在下唇须第 2 节的凹槽内；雌性较短，灰白色，端部鳞片扩展。领片和翅基片的内侧淡黄色，外侧红色。前翅前缘白色，后缘黄色，中部桃红色，有的中部为黄色和棕褐色纵带所替代；内、外横线均消失；缘毛红色。后翅茶褐色，缘毛黄白色。

红云翅斑螟–成虫（延庆三潭沟–王长民 2020 年 8 月 11 日拍摄）

生活史： 在我国东部地区一年发生 2 代，以老熟幼虫在土中结茧越冬，以幼虫为害柳梢。

危害： 苜蓿、百脉根等。

124 黄刺蛾 *Cnidocampa favescens* (Walker)

鳞翅目 刺蛾科

分布范围： 东北、华北、华东、中南、西南及甘肃、陕西等地。

识别特征： 成虫体长 10~13 mm；头胸黄色，腹黄褐色；前翅基半部黄色，外半部黄褐色，有斜线呈倒"V"形 2 条为内侧黄色与外侧褐色的分界线；后翅黄色或黄褐色。卵长约 1.5 mm，淡黄色，扁平，椭圆形，一端略尖，薄膜状，其上有网状纹。

幼虫老熟时体长约 24 mm，黄绿色，圆筒形；头小，隐于前胸下方；前胸有黑褐点 1 对，体背有两头宽、中间窄的鞋底状紫红色斑纹；自第 2 腹节起各体节有枝刺 2 对，第 3、第 4、第 10 节各对枝刺特别大，枝刺上有黄绿色毛；体侧有枝刺均衡 9 对，各节有瘤状突起，上有黄毛，气门上线淡青色，气门下线淡黄色。蛹体长约 13 mm，短粗，椭圆形，离蛹，黄褐色。茧灰白色，椭圆形，表面有黑褐色纵条纹，似雀蛋，质地坚硬。

生活史：北京一年发生1代，以老熟幼虫在枝干或皮缝结茧越冬。6—7月出现成虫。卵散产于叶背，卵期约6天。小幼虫只食叶肉成网状，老幼虫食叶成缺刻，仅留叶脉，幼虫期约30天。

危害：梅、海棠、月季、石榴、桂花、樱花、槭属、杨、柳、榆、白兰、红叶李、悬铃木等。

黄刺蛾-幼虫
（延庆区乌龙峡谷-王长民2020年9月2日拍摄）

防治方法：冬季人工摘除越冬虫茧。灯光诱杀成虫。幼虫发生初期喷洒20%除虫脲悬浮剂7 000倍液、Bt（苏云金杆菌）乳剂500倍液或25%高渗苯氧威可湿性粉剂300倍液。采用保护天敌防治，如紫姬蜂、广肩小蜂。

黄刺蛾-蛹（怀来茨儿山-何建斌2021年9月拍摄）

黄刺蛾-成虫（延庆区张山营-王长民2021年6月10日拍摄）

125 褐边绿刺蛾 *Parasa consocia* Walker

鳞翅目 刺蛾科

分布范围： 北京、河北、黑龙江、内蒙古、台湾、海南、广东、广西、云南、甘肃、四川。

识别特征： 成虫体长 17～20 mm；头胸和前翅粉绿色，胸背中央有红褐色纵线 1 条；前翅基部有放射状红褐色斑 1 块，外缘有浅褐色宽条 1 条，镶棕色边，缘毛深褐色；后翅及腹部浅褐色，缘毛褐色。卵扁平，椭圆形，黄绿或蜡黄色。幼虫体长 25～28 mm，圆筒形，翠绿或黄绿色；背中线天蓝色，带的两侧每节有蓝斑 4 个，体侧各节也有蓝斑 4 个；唇基有黑斑 1 对，前胸盾具黑点 2 个，与背中线的蓝点成三角形排列；后胸至第 9 腹节各节侧面均具刺突 1 对，枝刺顶端黑色，气门上方的侧刺瘤中央有橙黄色椭圆形球 1 个，第 8、第 9 腹节各着生黑色绒球状毛丛 1 对，每侧有大小不甚悬殊的绿色刺瘤 4 个；腹末有大而明显的黑色绒球状毒刺丛 4 个。蛹和茧棕褐色，扁椭圆形，茧上布满黑色毒刺毛和少量白丝。

生活史： 一年发生 1 代，以老熟幼虫在表土层结茧越冬。初孵幼虫不取食，3、4 龄以后吃穿叶表皮，5 龄以后多从叶缘向内蚕食。

危害： 悬铃木、白榆、刺槐、梨、苹果、柿、枣、核桃、青桐、栎、大叶黄杨、紫薇、紫荆、黄连木、栀子、无患子、红叶李、珊瑚树、白蜡、杨、柳、枫杨、香樟、泡桐、苦楝、乌桕、喜树、月季、桂花、梅、樱花、海棠、山茶、柑橘、牡丹、芍药等。

防治方法： 人工挖除越冬虫茧。灯光诱杀成虫。幼虫期采用 Bt 乳剂 500 倍液或 25% 高渗苯氧威可湿性粉剂 300 倍液雾。保护天敌防治。剪除幼龄虫叶。

褐边绿刺蛾-幼虫
（延庆区沙塘沟-王长民2021年8月8日拍摄）

褐边绿刺蛾-成虫
（延庆区三潭沟-王长民2020年8月11日拍摄）

126 中国绿刺蛾 *Parasa sinica* Moore

鳞翅目 刺蛾科

分布范围： 华北、山东、四川、贵州、湖北、江西等地。

识别特征： 成虫体长约 12 mm，头、胸及前翅绿色，翅基与外缘褐色，外缘带内侧有齿形突 1 个；后翅灰褐色，缘毛灰黄色；腹部灰褐色，末端灰黄色。卵椭圆形，黄色。幼虫老熟时体长 15～20 mm，体黄绿色，背线两侧具双行蓝绿色点纹和黄色宽边，侧线宽灰黄色，气门上线深绿色，气门线黄色，腹面色淡；前胸盾板有黑点 1 对，各节有灰黄色肉瘤 1 对并以中、后胸及第 8、第 9 腹节上的为大端部黑色；第 9、第 10 腹节各有黑瘤 1 对，第 10 节 1 对并列；各节气门下线两侧有黄色刺瘤 1 对。蛹体莲子形，黄褐色。茧扁椭圆形，棕褐色。

生活史： 一年发生 1 代，以老熟幼虫在枝干上或浅土中结茧越冬；6 月中下旬成虫羽化，成虫昼伏夜出，有趋光性。

危害： 蔷薇科以及柑橘、枣、枇杷、梧桐、槭属、桑、杨、栀子、刺槐、石榴等。

防治方法： 冬季砸茧，杀灭越冬幼虫。幼龄幼虫期摘去虫叶或喷洒 20% 除虫脲悬浮剂 3 000 倍液、25% 高渗苯氧威可湿性粉剂 300 倍液。成虫期用灯光诱杀。也可采用保护天敌（茧蜂）防治。

中国绿刺蛾-幼虫
（延庆区六道河-王长民 2023 年 9 月 5 日拍摄）

中国绿刺蛾-成虫
（延庆区松山-王长民 2021 年 6 月 25 日拍摄）

127 扁刺蛾 *Thosea sinensis* (Walker)

鳞翅目 刺蛾科

分布范围： 全国各地。

识别特征：成虫体长 14～17 mm，灰褐色，腹面及足深；前翅灰褐色，自前缘近顶角处向后缘中部有明显暗褐斜纹 1 条。卵长扁椭圆形，背面隆起，长约 1 mm，淡黄绿色，后灰褐色。幼虫老熟时体椭圆形，扁平，背面稍隆起，长 20～27 mm，淡鲜绿色，背中有贯穿头尾的白色纵线 1 条，线两侧有蓝绿色窄边，两边各有橘红至橘黄色小点 1 列，背两边丛刺极小，其间有下陷的深绿色斜纹，侧面丛刺发达。蛹体椭圆形，长 10～14 mm，乳白色，后黄褐色。茧近似圆球形，暗褐色长 13～16 mm。

扁刺蛾-成虫
（延庆区松山-王长民 2022 年 7 月 20 日拍摄）

生活史：一年发生 1 代，以老熟幼虫在树下土中做茧越冬；6 月上旬成虫开始羽化；6 月中旬至 8 月下旬为幼虫为害期。

危害：蔷薇科植物及柿、核桃、梧桐、杨桑、花椒、柑橘、大叶黄杨、樟等近 100 种植物。

防治方法：幼虫发生严重时喷施 Bt 乳剂 600 倍液、1.2% 烟参碱乳油 1 000 倍液或 25% 高渗苯氧威可湿性粉剂 300 倍液。

扁刺蛾-幼虫（延庆区小川-王长民 2021 年 8 月 27 日拍摄）

128 梨娜刺蛾 *Narosoideus favidorsalis* (Staundinger)

鳞翅目 刺蛾科

分布范围：全国各地。

识别特征：成虫体褐黄色；触角双栉齿状，分枝到末端；前翅外横线清晰，暗褐色，横线内的前半部褐色较浓，后半部黄色较显，外缘明亮，无银色缘线。幼虫老熟体长约 32 mm，圆筒形，深绿色；每体节上有刺瘤 4 个，自中胸开始，小刺瘤中间各有椭圆形棕黑色球 1 个，每侧共 9 个；中、后胸及第 6、第 7 腹节背面各有长大枝刺 1 对，后胸及第 6 腹节的两大枝刺间均鲜黄色，近枝刺基部内侧红色，外侧棕褐色；背部及体侧暗绿色，其间各有黄绿色纵线 2 条：中胸及第 6 腹节大枝刺前后各有浅蓝色细横线 2 条，与体侧、体背纵线相连。

生活史：北京一年发生 1 代，以幼虫在茧中越冬。6—8 月是幼虫为害期。

危害：梨、柿、枫、枣、板栗、樱花。

防治方法：灯光诱杀成虫。幼龄幼虫群食期喷洒 3% 高渗苯氧威乳油 3 000 倍液。

梨娜刺蛾-幼虫

（延庆区张山营-王长民 2004 年 9 月 8 日拍摄）

梨娜刺蛾-成虫

（赤城大海陀-王长民 2020 年 7 月 30 日拍摄）

129 纵带球须刺蛾 *Scopelodes contracta* Walker

鳞翅目 刺蛾科

分布范围：华北、华中、华南。

识别特征：成虫头、胸背和前翅暗灰褐色，腹黄褐色，腹背每节有暗灰褐色横带；前翅中室中部到翅尖有黑纵带 1 条，后翅灰褐色，内缘和基部带黄色。幼虫老龄体长约 25 mm，圆筒形，黄褐色，具黑色小斑点，背中线黄色；每节背中央黄色斑大，其上有黑色斑点 2 个；亚背线黑褐色，气门上线由暗黑色斑点组成，上具第 1 腹节气门，亚背线和与气门上线间自中胸至第 8 腹节的节间内有褐斑 9 个；被枝刺，枝刺上刚毛黑色、粗硬，亚背线处自中胸至第 8 腹节各具枝刺 1 对，气门上线处中后胸和第 2～9

腹节各具枝刺1对，腹末黑色丛毛4个。

生活史：一年发生1代，以老熟幼虫在土中结茧越冬。7月灯下可见成虫，具趋光性；成虫白天以前足垂挂在树叶下，振动落下时会出现假死现象。8月可见幼虫取食臭椿、香椿、柿、板栗、核桃等多种植物。北京6—8月为幼虫发生期。

危害：柿、樱花、枫香、白栎、椿。

防治方法：灯光诱杀成虫。幼龄幼虫期摘叶杀灭之。

纵带球须刺蛾-幼虫（延庆区井儿沟-王长民2021年8月13日拍摄）

纵带球须刺蛾-成虫（延庆区莲花山-王长民2024年7月16日拍摄）

130 榆凤蛾 *Epicopeia mencia* Moore

鳞翅目　凤蛾科

分布范围：东北、西北、华北、华东。

识别特征：成虫体长约20 mm，翅展60～85 mm，形似乌凤蝶，体和翅黑褐色，后翅后角有尾状突起，沿其后缘有红斑2列；前胸肩板上有红点2个，腹末几节后缘红色。卵扁圆球形，灰白至黄色，有光泽。幼虫老熟时体长45～60 mm，全身厚被白色蜡粉，去蜡粉后体淡绿色，背线黄色，各节末端有圆黑点1个，腹足外侧有近三角形黑褐斑1块。蛹体黑褐色，茧椭圆形，土色。

生活史：一年发生1代，以老熟幼虫在寄主周边的土壤中吐丝黏结土粒做茧化蛹越冬。6月成虫羽化，雌虫产卵于叶面上；9月老熟幼虫下树越冬。

危害：榆。

防治方法：人工振动树干捕杀落地幼虫。人工捕杀成虫。

榆凤蛾-为害状（延庆区八亩地-王长民2021年8月12日拍摄）

榆凤蛾-成虫（延庆区茨顶-王长民2021年8月4日拍摄）

131 刺槐眉尺蛾 *Meichihuo cihuai* Yang

鳞翅目　尺蛾科

分布范围：北京、河北、陕西、甘肃、河南。

识别特征：翅展 32～50 mm；体、翅灰褐色，腹部第 2～3 节上常具 2 对黑褐色毛纵；翅面散布褐色斑点，多条横线常不明显，外横线中部外侧常具 1 个近圆形的黑褐色斑，缘线呈 1 列黑褐色条斑，缘毛与翅面同色；后翅颜色、斑纹与前翅相近，无圆形斑。

生活史：一年发生 3 代，以蛹越冬。幼虫取食刺槐榆、杨、柳、栎、苹果、梨、美国薄荷、花生、绿豆等多种植物的叶片。北京 4 月、5 月、7 月、8 月灯下可见成虫。

危害：刺槐、苹果和梨。

防治方法：雌蛾上树产卵前，在树干基部绑扎宽约 10 cm 的塑料薄膜带，阻止雌成虫上树产卵。

刺槐眉尺蛾-幼虫
（延庆区张山营-王长民 2013 年 9 月 6 日拍摄）

刺槐眉尺蛾-成虫
（延庆区青龙谷-王长民 2023 年 7 月 18 日拍摄）

132 丝棉木金星尺蛾 *Abraxas suspecta* Warren

鳞翅目 尺蛾科

分布范围：东北、西北、华北、华东、华中、中南。河北怀来县官厅镇、存瑞镇有危害。

识别特征：成虫体长约 33 mm，翅白色具有淡灰和黄褐色不规则斑纹。卵长圆形，有网纹，初灰绿色，后黑色。幼虫老龄体长约 31 mm，黑色，前胸背板黄色，上有近方形黑斑 5 个，背线、亚背线、气门上线和亚腹线为蓝白色，气门线和腹线黄色，胸部及第 6 腹节后各节有黄色横条纹。蛹体棕色，纺锤形。

生活史：一年发生 3 代，以蛹在土壤中越冬；5 月上中旬成虫羽化，卵产于叶背、枝干及树皮裂缝中；5月下旬至6月中旬、7月中旬至8月上旬、8月中旬至9月中旬分别为各代幼虫为害期。

危害：丝棉木、卫矛、大叶黄杨、榆、槐杨、柳等多种植物。

防治方法：黑光灯诱杀成虫，人工摘除卵块。用 Bt 乳剂 500 倍液、20% 除虫脲悬浮剂 7 000 倍液防治低龄幼虫。保护天敌防治。

丝棉木金星尺蛾-幼虫（延庆区大庄科-王长民2012年5月16日拍摄）

丝棉木金星尺蛾-成虫（延庆区菜食河-王长民2022年6月16日拍摄）

133 桦尺蛾 *Biston betularia* (Linnaeus)

鳞翅目 尺蛾科

分布范围：华北、东北、西北、西南、山东、福建、河南。

识别特征：翅展 38.0～54.0 mm。雄蛾触角部分双栉齿状，雌蛾触角线形。体翅常见深褐色，布满黑色小点，线纹黑色前翅内线双弧形；中点黑色短条状；中线模糊；外线在中室外侧外突一大齿，在处外凸一小齿；外线外侧具灰色斑块。后翅无基线，中点较前翅小，其余斑纹与前翅相似。

危害：桦、杨、椴、榆、栎、槐、柳、苹果、落叶松。

防治方法：黑光灯诱杀成虫。幼虫期用 20% 除虫脲悬浮剂 7 000 倍液或 1.2% 烟参碱 2 000 倍液进行喷洒。

桦尺蛾-成虫（延庆区张山营-王长民 2020 年 7 月 30 日拍摄）

134 黄连木尺蛾 *Culcula panterinaria* (Bremer et Grey)

鳞翅目 尺蛾科

分布范围：北京、陕西、内蒙古、河北、山西、河南、山东、台湾、广东、广西、四川、云南。国外见于日本、朝鲜。

识别特征：成虫体长 20～31 mm，翅白色，头、胸和前翅基部橙黄色，前翅和后翅外横线处有一串大小不等的橙色并伴有褐色的圆斑带；老熟幼虫体长 60～85 mm；蛹头部有"耳状"突起，雄蛹生殖孔扁平，雌蛹生殖孔有纵向隆起。

生活史：一年发生 1 代，以蛹在树冠下潮湿浅土层 3 cm 左右处或砖瓦石块下越冬。越冬蛹最早在 6 月上旬羽化，7 月中下旬为羽化盛期，8 月上旬为羽化末期；幼虫于 7 月上旬孵化，7 月下旬至 8 月上旬为盛期，8 月中旬进入暴食期；老熟幼虫于 8 月中旬化蛹，9 月中旬化蛹结束。

危害：幼虫取食黄连木、香椿、臭椿、刺槐、榆、槐、核桃、泡桐、侧柏等的叶片，成虫 5 月中旬至 9 月中旬灯下可见。

第四章 食叶类害虫

防治方法：

（1）利用诱虫杀虫灯监测诱杀成虫。

（2）幼虫期喷洒 20% 除虫脲悬浮剂 7 000 倍液。

（3）保护利用大斑啄木鸟、喜鹊、山雀等鸟类和鳞卵黑卵蜂、家蚕追寄蝇等寄生性天敌。

黄连木尺蛾-幼虫（延庆区菜木沟-王长民2020年8月4日拍摄）

黄连木尺蛾-成虫（延庆区千家店照山洼-王长民2020年6月30日拍摄）

135 桑褶翅尺蛾 *Zamacra excavata* (Dyar)

鳞翅目 尺蛾科

分布范围： 北方果树产区。河北省张家口市怀来县沙城镇、存瑞镇有危害。

识别特征： 成虫体长约 16 mm，体灰褐至黑褐色；前翅狭长，银灰色，翅面有灰褐色带 3 条，静息时 4 翅皱叠竖起。卵椭圆形，中央下凹，深灰色。幼虫老龄体长约

35 mm，黄绿色；头褐色，前胸侧面黄色，1～4 腹节背面有赭黄色刺突，2～4 节刺突明显较长，第 8 腹节背面有褐绿色刺 1 对，第 2～5 腹节两侧各有淡绿色刺 1 个，各节间膜黄色，第 4～8 腹节亚背线粉绿色，气门线深绿色。蛹体红褐色，纺锤形。茧椭圆形、灰褐色，贴于树干基部。

生活史：一年发生 2 代，以蛹茧在树干基部的表土和树皮缝内越冬；成虫多产卵于枝上。

危害：桑、杨、水蜡、槐树、刺槐、白蜡、核桃、榆、栾树、柳等。

防治方法：入冬前在树干基部挖蛹茧。剪除卵块。喷洒 Bt 乳剂 500 倍液、20% 除虫脲悬浮剂 7 000 倍液防治幼虫。

桑褶翅尺蛾-幼虫（延庆区夏都公园-王长民 2010 年 5 月 26 日拍摄）

桑褶翅尺蛾-成虫产卵（延庆区马庄-王长民 2023 年 3 月 23 日拍摄）

136 槐尺蠖 *Semiothisa cinerearia* (Bremer et Grey)

鳞翅目 尺蛾科

分布范围：北京、河北、黑龙江、湖南、甘肃、浙江、湖北、台湾、广西、西藏等地。北京市延庆区、河北省张家口市怀来县有危害。

识别特征：成虫体黄褐至灰褐色，触角丝状，前后翅面上均有深褐色波状纹 3 条。卵扁圆形，表面有网纹，初产时淡绿色，幼虫体两型，春型老龄体长 38～42 mm，粉绿色，老熟体紫粉色；头部浓绿色，气门线黄色，气门线以上密布小黑点，气门线下深绿色；秋型老龄体长 45～55 mm，粉绿色稍带蓝，头部、背线黑色，每节中央呈黑色"十"字形，亚背线和气门上线为间断的黑色纵条，胸部和腹末两节散布黑点，腹面黄绿色。蛹体圆锥形，初粉绿色，后褐色。

生活史： 一年发生4代，以蛹在树干基部周边的浅土层内或石块下越冬；5月初至9月上旬均有幼虫为害，世代重叠；7月中下旬成灾概率较大。

危害： 槐树、龙爪槐、蝴蝶槐。

防治方法：

（1）人工挖蛹。

（2）黑光灯诱杀成虫。

槐尺蠖-为害状
（怀来水电二局农场-何建斌2020年7月拍摄）

（3）低龄幼虫期（5月中旬、6月中旬和8月上旬）是全年的防治关键时期，喷洒20%除虫脲悬浮剂7 000倍液或Bt乳剂500倍液。

（4）保护和利用天敌（凹眼姬蜂等）。

槐尺蠖-幼虫（怀来水电二局农场-何建斌2020年7月拍摄）

槐尺蠖-蛹（怀来文化广场-何建斌2016年6月拍摄）

槐尺蠖-成虫（怀来长安岭-何建斌2021年7月拍摄）

137 春尺蠖 *Apocheima cinerarius* Erschoff

鳞翅目 尺蛾科

分布范围： 北京、河北、宁夏、甘肃、内蒙古、陕西、河南、山东等地。

识别特征： 成虫雌体长7～19 mm，无翅，淡黄、灰黑或灰褐色，触角丝状，腹部各节背面有数目不等的成排黑刺，刺尖端圆钝，腹末端臀板有突起和黑刺列；雄体长10～15 mm，翅展28～37 mm，触角羽状，前翅淡灰褐至黑褐色，从前缘至后缘有褐色波状横纹3条。卵椭圆形，长0.8～1.0 mm，有珍珠光泽，壳上有整齐花纹；初产时灰白或赭色，后深紫色。幼虫老熟时体灰褐或棕褐色，长22～40 mm；第2腹节两侧各有瘤状突起1个，腹线白色，气门线淡黄色。蛹体长1.2～2.0 mm，灰黄褐色，末端有臀刺，刺端分叉。

生活史： 一年发生1代，以蛹在树冠下的土壤中越冬；2月中下旬成虫开始羽化，3月中旬进入羽化盛期，3月下旬幼虫开始孵化，4月中下旬进入暴食期，可在短时间内将成片树木叶片吃花、吃光。

危害： 杨、沙枣、柳、槐、桑、榆、苹果、梨、沙果、胡杨、沙柳、葡萄以及槭属植物。

防治方法：

（1）人工挖出土中的蛹喂食家禽，也可在树干基部堆沙或绑以5～7 cm宽塑料薄膜带，以阻止雌蛾上树。

（2）于3月中旬至4月中旬灯光诱杀

春尺蠖-卵
（怀来部队农场-何建斌2022年3月拍摄）

成虫。

（3）利用幼虫假死性，振落幼虫杀死。

（4）幼虫期喷洒 20% 除虫脲悬浮剂 7 000 倍液或春尺蛾核型多角体病毒液。

春尺蛾-幼虫
（怀来帝曼河滩-何建斌 2022 年 5 月拍摄）

春尺蛾-蛹
（怀来帝曼河滩-何建斌 2022 年 3 月拍摄）

春尺蛾-雌成虫
（怀来帝曼河滩-何建斌 2023 年 3 月拍摄）

春尺蛾-雄成虫
（怀来帝曼河滩-何建斌 2022 年 3 月拍摄）

138 女贞尺蛾 *Naxa seriaria* (Motschulsky)

鳞翅目 尺蛾科

分布范围：东北、华北、西北、西南和华东各地。

识别特征：成虫体白色；无翅缰；前翅亚外缘线有黑点 8 个，外缘线有小黑点 6~8 个，较前者小，内角 3 个大黑点排成弧形，中室上端有黑点 1 个；后翅亚外缘线有黑点 8 个，外缘线有黑点 6 个，中室

女贞尺蛾-为害状
（延庆区松山-王长民 2017 年 9 月 19 日拍摄）

上端有黑点1个。卵光滑，淡白、红至黑色。幼虫老熟时体黑，亚背线、气门线淡黄色，第1~5腹节有淡黄色纵带3条，中条最宽，第3~6腹节有淡黄色斑，每节有黑色毛瘤10多个，每瘤上有白长毛1根。蛹体白色，有黑点，腹背有黑点6个，背中有长形黑斑1个。

生活史：一年发生1代，以低龄幼虫在丝拢状的枯枝落叶中群集越冬。寄主展叶时，越冬幼虫开始上树取食；幼虫自寄主下部向上取食为害；6月下旬为成虫发生期。

危害：桂花、丁香、暴马丁香、毛丁香、女贞、大叶女贞、茶、水曲柳等。

防治方法：早春幼虫上树时，在树干上绑缚塑料薄膜环，阻隔和杀灭上树幼虫。成虫期灯光诱杀。幼虫大发生时喷洒20%除虫脲悬浮剂7 000倍液。

女贞尺蛾-幼虫
（延庆区松山-王长民2018年5月23日拍摄）

女贞尺蛾-成虫
（延庆区张山营-王长民2016年7月6日拍摄）

139 大造桥虫 *Ascotis selenaria* (Denis et Schiffermüller)

鳞翅目 尺蛾科

分布范围：全国广布。河北省张家口市怀来县土木镇、沙城镇、存瑞镇有危害。

识别特征：成虫体长约15 mm，体色变异大，多为浅灰褐色，散布黑褐或淡色鳞片；前翅顶白色，内方黑色，内横线、外横线、亚外缘线均为黑色波纹，内、外线间有白斑1个，斑周黑色，外横线上方有近三角形黑褐斑1个，外缘有半月形黑斑。卵青绿色，有深黑或灰白斑纹，表面有很多凸粒。幼虫老龄体长约40 mm，体色多变，黄绿至青白；头褐绿色，头顶两侧有黑点1对，背线青绿色，亚背线灰绿色，气门上线深绿色，气门线黄色有较细的黑色纵线，气门下线至腹线淡黄绿色。第2腹节背中具黑褐色长形斑1个和明显横列的红色锥形毛瘤1对，第8腹节有横列小毛瘤1对，第6腹节和尾节各有足1对。蛹体深褐色，光滑，尾端有刺2根。

生活史： 一年发生 2～3 代，世代重叠，以蛹在土壤或杂草中越冬。4 月下旬成虫羽化，6—7 月为害最重。

危害： 侧柏、刺槐、紫穗槐、银杏、苹果、梨、月季、蔷薇、万寿菊和萱草等。

防治方法： 秋季人工挖蛹。成虫期灯光诱杀成虫。幼虫盛期，喷洒 20% 除虫脲悬浮剂 7 000 倍液。

大造桥虫-幼虫
（延庆区乌龙峡谷-王长民 2020 年 9 月 2 日拍摄）

大造桥虫-成虫
（延庆区张山营-王长民 2016 年 7 月 22 日拍摄）

140 落叶松尺蛾 *Erannis ankeraria* (Staudinger)

鳞翅目 尺蛾科

分布范围： 北京、河北、内蒙古、陕西等地。河北省张家口市赤城县有危害。

识别特征： 雄蛾前翅长 20.0～21.0 mm，雌蛾无翅。雄蛾体翅浅黄色，布褐色碎纹，线纹褐色。前翅内线较直，前半段明显，内侧褐色碎斑较密；中点较大，褐色圆形；外线暗褐色，在中室端外侧内斜至中点下方，折角较直至后缘；外线外侧至亚缘线有褐色碎斑组成的宽带；缘毛同翅底色，散布褐斑。

落叶松尺蛾-幼虫
（延庆区佛爷顶-王长民 2012 年 5 月 21 日拍摄）

生活史： 一年发生 1 代，以卵在球果鳞片中越冬。6 月下旬下树化蛹。

危害： 落叶松。

防治方法： 遵照适地适树的原则营造针阔混交林；保护利用本地乡土树种。保护天敌，如姬蜂、蜘蛛等；招引大山雀、灰喜鹊、杜鹃等鸟类。

141 青辐射尺蛾 *Lotaphora admirabilis* Oberthür

鳞翅目 尺蛾科

分布范围： 北京、河北、山西、东北、陕西、甘肃、浙江、福建、华中、广西、四川、云南。

识别特征： 前翅长 28.0~32.0 mm。翅面淡绿色。前翅基部一黑点；前缘绿白色；内线白色，宽阔，圆弧形，内侧衬淡黄色伴影，外侧暗灰绿色；外线白色宽阔，中部外凸形成 2 个小齿，内侧暗灰绿色，外侧衬淡黄伴影，伴影外侧翅脉和脉间有放射状黑线。后翅外线圆滑。前后翅缘线黑色，缘毛白色，中点黑色半月形。

危害： 杨柳科、胡桃科、紫葳科、桦木科、榛木科植物。

青辐射尺蛾（延庆区松山-王长民 2022 年 7 月 20 日拍摄）

142 亚美尺蛾 *Metacrocallis vernalis* Beliaev

鳞翅目 尺蛾科

分布范围： 北京、河北、安徽。河北省张家口市怀来县存瑞镇有危害。

识别特征： 前翅长 19~21 mm；雄蛾触角双栉状，雌线状；头、胸部具厚灰色绒毛；前翅颜色及纹有变化；中域略深，中点黑色，似由几斑组成；外缘具 1 列黑点，缘毛长；后翅色浅，呈灰色，外线不清晰，中点比前翅的小；前、后翅反面均可见明显的黑色中点。

生活史： 一年发生 1 代，以蛹在土中越冬。幼虫取食榆叶。北京 3 月、4 月灯下可见成虫，有时为灯下优势种（雄蛾占多数），数量较多；但未见榆树大量被食的现象。

危害： 榆。

亚美尺蛾-雄成虫
（延庆区张山营-王长民2023年3月30日拍摄）

亚美尺蛾-雌成虫
（延庆区张山营-王长民2023年3月30日拍摄）

143 杨扇舟蛾　*Clostera anachoreta* (Denis et Schiffermüller)

鳞翅目　舟蛾科

分布范围： 全国广布。河北省张家口市怀来县土木镇、沙城镇，赤城县有发生。

识别特征： 成虫翅展26～43 mm，前翅顶角部分有深灰褐色扇形斑，外线穿过此斑，外衬锈红色斑。具3条灰白色横线，外线和横线之间尚有1条横线，但不达前缘。幼虫1节和8节腹背中央各有一个较大的红黑色或枣红色瘤。

杨扇舟蛾-卵
（怀来县土木镇-何建斌2016年6月拍摄）

生活史： 一年发生4代，后期世代重叠，以蛹在树皮裂缝、落叶和土壤中结薄茧越冬，其他世代幼虫多在叶苞内化蛹；第4代，即9月下旬至10月上中旬易出现灾害。

危害： 杨、柳。

杨扇舟蛾-幼虫
（延庆区永宁镇-王长民2017年9月7日拍摄）

杨扇舟蛾-成虫
（延庆区大海陀-王长民2020年7月30日拍摄）

144 杨小舟蛾 Micromelalopha sieversi (Staudinger)

鳞翅目 舟蛾科

分布范围：北京、江西、河南、河北、陕西、山东、浙江、江苏、安徽、四川、黑龙江、吉林、辽宁。

识别特征：成虫翅展 24～26 mm，体赭黄、黄褐或暗褐色，前翅有精细的灰白色横线 3 条，每线两侧衬暗边，基线不清晰，内横线在亚中褶下呈亭形分叉，外叉不如内叉明显，外横线波浪形，后翅黄褐色，臀角有赭色或红褐色小斑 1 个。卵半球形，黄绿色。幼虫老熟时体长 21～23 mm。体灰褐、灰绿色，微带紫色光泽；头大，肉色，颅侧区各有由细点组成的黑纹 1 条，呈"人"字形，体侧各具黄色纵带 1 条，各节具有不显著的灰色肉瘤，以第 1、第 8 腹节背面的最大，上面生有短毛。蛹体近纺锤形，褐色。

生活史：一年发生 4 代，以蛹在枯枝落叶、墙缝等处越冬；第 3 代，即 8 月中下旬易出现危害。

危害：杨、柳。

防治方法：释放周氏啮小蜂和舟蛾赤眼蜂进行生物防治。黑光灯诱杀成虫。喷洒 Bt 乳剂 500 倍液、20% 除虫脲悬浮剂 7 000 倍液防治幼虫。人工摘除虫叶。

杨小舟蛾-幼虫（延庆区大柏老村-王长民 2009 年 6 月 29 日拍摄）

杨小舟蛾-成虫-榆树
（延庆区永宁镇-王长民 2016 年 6 月 2 日拍摄）

145 栎掌舟蛾 Phalera assimilis (Bremer & Grey)

鳞翅目 舟蛾科

分布范围：北京、河北、山西、辽宁、陕西、甘肃、江苏、浙江、福建、台湾、华中、广西、海南、四川、云南。

识别特征：成虫前翅银白色光泽不显著，外线沿顶角斑内缘一段棕色，亚端线脉间黑点不清晰，中室有较清晰的黄白色小斑纹1个，后缘内线内侧和外线外侧各有暗褐色影状斑1个；后翅反面无明显黑褐色中带。幼虫老龄体长约60 mm，头棕褐色，体黑褐色，亚背线（双道）、气门上线、气门下线和腹线橘黄色，前胸至尾端有橙红色纵线8条，气门上线较粗，每节有橙红色横纹数条，中间1条较明显，节间黑色；体密生暗黄色长毛。

生活史：一年发生1代，以老熟幼虫入土化蛹越冬。7—9月为幼虫为害期，7月下旬至8月上中旬为幼虫为害盛期。

危害：栎、栗、杨、榆。

防治方法：灯光诱杀成虫。幼虫严重时喷洒100亿个孢子/mL Bt乳剂500倍液。

栎掌舟蛾-幼虫（延庆区六道河-王长民2023年8月25日拍摄）

栎掌舟蛾-成虫（延庆区下湾-王长民2022年7月12日拍摄）

146 栎纷舟蛾 *Fentonia ocypete* (Bremer)

鳞翅目 舟蛾科

分布范围：北京、辽宁、吉林、黑龙江、河北、山东、湖南、四川等。

识别特征：成虫头、胸背暗褐略有灰白色，腹灰褐色；前翅暗灰褐色，内、外线双道黑色，亚中褶有黑、褐色纵纹，外线外衬灰白边，横脉纹为圆点，与外线间有大圆斑；后翅灰褐色。卵扁圆形，乳黄至黄褐色。幼虫老龄体头肉色，每边有黑斜线6条，其中较粗2条；胸叶绿色，背中有一个内有3条白线的"工"字形黑纹，纹两侧衬黄边；第3～6节膨大，腹背白色，由黑、红细线组成花纹，气门线灰黑宽带，第2～7腹节见气门上线。蛹体红褐色，中、后胸连接处有凹陷1排。

生活史：北京一年发生1代，以蛹在表土的土室中越冬。7月为成虫期，7—9月为幼虫期。成虫趋光性强。卵散产于叶背主脉两侧，每雌产卵82～250粒，卵期5～7天。幼虫6龄，3龄后食叶量大。

危害：栎、栗、桦、榛、苹果。

防治方法：灯光诱杀成虫。人工挖蛹杀灭。幼虫期喷洒20%除虫脲悬浮剂7 000倍液或人工捕杀。

栎纷舟蛾-幼虫（延庆区刘斌堡-王长民2020年8月2日拍摄）

栎纷舟蛾-成虫
（延庆区三潭沟-王长民2020年8月11日拍摄）

147 黑蕊舟蛾（黑蕊尾舟蛾）*Dudusa sphingiformis* Moore

鳞翅目 舟蛾科

分布范围：北京、河北、陕西、甘肃、山东、浙江、福建、华中、广西、四川、贵州、云南。

识别特征：翅展70.0～89.0 mm。前胸有2个黑点，背中有毛丛及蕊状毛鳞，尾端有毛鳞。前翅灰黄褐色，前缘有5～6个暗褐色斑点，从翅顶到后缘近基部有1个略呈大三角形的暗褐色斑。亚基线、内线和外线灰白色，内线锯齿形，外线斜伸双曲形，亚缘线双股，和缘线均由脉间月牙形灰白色线组成。后翅暗褐色。

生活史：一年发生1代。

危害：栾树、槭属植物。

黑蕊舟蛾-幼虫
（延庆区青龙谷-王长民2022年9月1日拍摄）

黑蕊舟蛾-成虫
（延庆区青龙谷-王长民2022年7月28日拍摄）

148 杨二尾舟蛾（柳二尾舟蛾） *Cerura menciana* Moore

鳞翅目 舟蛾科

分布范围：全国分布（除新疆、广西、贵州）。河北省张家口市怀来县小南辛堡镇、沙城镇，赤城县有分布。

识别特征：成虫翅展54～76 mm；触角双栉状（但雌蛾栉支短）；胸背具6个黑点，翅基片具2个黑点；腹部第1～6节背面黑色，中央具灰白色纵带；前翅基部具众多黑点，内线近后缘具2个"V"形纹。

生活史：一年发生2代，以蛹在树干基部或裂缝内越冬（茧坚硬）。幼虫取食杨、柳。幼虫共5龄，4龄后进入暴食期。

危害：杨、柳。

杨二尾舟蛾-幼虫
（怀来沙城-何建斌2023年6月拍摄）

杨二尾舟蛾-成虫
（延庆区松山-王长民2022年7月20日拍摄）

149 榆白边舟蛾　*Nerice davidi* Oberthür

鳞翅目　舟蛾科

分布范围：华北、黑龙江、吉林、陕西、甘肃、山东、江苏、河南、江西。

识别特征：成虫体灰褐色，头、胸部背面暗褐色，翅基片灰白色，腹部灰褐色，前翅前半部暗灰褐色带棕色，后方边缘黑色，沿中脉下缘纵行在 Cu 中央稍下方呈一大齿形曲，后半部灰褐，蒙有一层灰白色，尤以前半部分界处呈一白边，前缘外半部有灰白纺锤形斑 1 块，内、外横线黑色，内线在中室下方膨大成圆斑 1 个，外横线锯齿形；后翅灰褐色。卵青绿至灰绿色。幼虫老龄体粉绿色，头部有"八"字形暗线，前胸细，中、后胸渐次增大。第 1~8 腹节背有峰突，峰顶端有赤色斑，基部黄白色，腹背两侧每节有暗绿色斜线 1 条，下面由白点排成边；气门下方紫色带和紫红色斑。

生活史：北京一年发生 2 代，陕西一年发生 4 代，以蛹在土中越冬。北京翌年 4 月成虫羽化。卵单产于叶背、叶梢，5—10 月均有幼虫为害。

危害：榆树。

防治方法：灯光诱杀成虫。幼虫期喷洒 100 亿个孢子/mL Bt 乳剂 500 倍液或 20% 除虫脲悬浮剂 7 000 倍液。

榆白边舟蛾-幼虫
（延庆区宝山堡-王长民2024年9月13日拍摄）

榆白边舟蛾-成虫
（延庆区莲花山-王长民2024年7月16日拍摄）

150 榆掌舟蛾　*Phalera takasagoensis* (Matsumura)

鳞翅目　舟蛾科

分布范围：东北、华北、华东、华中和西北等地。

识别特征：成虫体长约 20 mm，翅展约 60 mm，前翅灰褐色，顶端有黄白色掌形大斑 1 个，外线沿顶角斑一段黑色，后角有黑色斑纹 1 个；后翅灰褐色。卵圆形，红白色，后黑褐色。幼虫老熟体长约 60 mm，黑褐色，亚背线、气门上线和气门下线白色，头黑色，前胸至第 8 腹节有淡黄色纵条 8 条，每体节上有橙红色横纹 1 条，第 3~6 腹节的横纹直达腹足外侧；全身被黄褐色长毛，气门下侧毛红色。蛹体深褐色，长约 35 mm。

生活史：北京一年发生 1 代，以蛹在树周土中越冬。翌年 7 月成虫羽化，有趋光性。雌蛾产卵于叶背，块状，排列不整齐，卵约经 1 周孵化。幼龄幼虫群集为害，把叶片食成白色透明网状，3 龄后分散活动，昼伏夜出，严重时把整叶食光仅留下叶柄。9 月中旬幼虫入土化蛹。

危害：榆、栎。

防治方法：冬、春在树下挖蛹消灭。幼龄幼虫群栖时人工摘除虫叶杀灭，或者喷洒 20% 除虫脲悬浮剂 7 000 倍液。成虫期灯光诱杀。

榆掌舟蛾-幼虫（延庆区滴水湖-王长民 2021 年 8 月 28 日拍摄）

榆掌舟蛾-成虫-榆（延庆区张山营-王长民 2016 年 7 月 22 日拍摄）

151 苹掌舟蛾 *Phalera favescens* (Bremer et Grey)

鳞翅目 舟蛾科

分布范围：北京、河北、山西、黑龙江、辽宁、上海、江苏、浙江、福建、江西、山东、湖北、湖南。

识别特征：成虫体黄白色，长约25 mm，翅展约56 mm；前翅基部有银灰和紫褐色各半的椭圆形斑，近外缘处有与翅基部色彩相同的斑6个，翅顶角有灰褐色斑2个。卵近球形，灰白至灰色。幼虫幼体枣红色，体侧有黄线，密被黄色长毛；大龄幼虫体黑色，着生黄白色软长毛；老熟体长约50 mm，暗紫红色，头和背线黑色气门上下各节间有淡黄色长毛簇，各节背部前方有黑色横带，腹部腹面有黑斑1块。蛹体红褐色，腹末有两分叉刺2个。

苹掌舟蛾-幼虫
（延庆区双金草-王长民2021年8月27日拍摄）

生活史：北京一年发生1代，以蛹在土中越冬。翌年7月成虫羽化，卵产于叶背面，数十粒呈块状，卵期约7天。幼虫共5龄，有假死和吐丝下垂习性，停栖时头尾向上翘起呈小舟形，故又名"舟形毛虫"。7—9月为幼虫为害期，秋季老熟幼虫入土化蛹越冬。

苹掌舟蛾-成虫
（延庆区珍珠泉-王长民2015年8月3日拍摄）

危害：榆叶梅、杏、梨、苹果、海棠、桃、樱桃、梅、榆等。

防治方法：黑光灯诱杀成虫。初孵幼虫扩散前，人工摘除带虫叶片，并集中消灭。发生严重时喷施Bt乳剂500倍液。

152 刺槐掌舟蛾 *Phalera grotei* (Moore)

鳞翅目 舟蛾科

分布范围：北京、河北、辽宁等。

识别特征：成虫触角基和头顶白色，胸和腹黑褐色；腹背每节后缘有黄白色横带末2节灰色；前翅顶角斑暗棕色，掌形斑内缘弧形平滑，黑色横线5条，内、外线间有不清晰波状带4条。幼虫头褐带绿色，体背白色至粉绿色，气门线为一赭褐色宽带，气门下线为黄白色宽带，腹线黑色，毛灰白色。

生活史：一年发生1代，以老熟幼虫在树下10 cm左右土中化蛹越冬。7—8月为

第四章 食叶类害虫

幼虫期。

危害：刺槐。

防治方法：灯光诱杀成虫。幼虫期喷洒 100 亿个孢子/mL Bt 乳剂 500 倍液或 20% 除虫脲悬浮剂 7 000 倍液。

刺槐掌舟蛾-幼虫
（延庆区菜木沟-王长民2021年8月4日拍摄）

刺槐掌舟蛾-成虫
（延庆区下湾-王长民2022年7月12日拍摄）

153 槐羽舟蛾 *Pterostoma sinicum* (Moore)

鳞翅目 舟蛾科

分布范围：北京、河北、山西、辽宁、上海、江苏、浙江、安徽、福建、江西、山东、湖北、湖南、广西、四川、云南、西藏、陕西、甘肃。

识别特征：成虫体长约 30 mm，黄褐色；头、胸部稻黄带褐色，腹背暗灰褐色，腹面中央有暗褐色纵线 4 条；前翅稻黄褐色到灰黄褐色，其后缘中部略内凹，翅面有双条锯齿形红褐色波纹。卵灰绿色，圆

槐羽舟蛾-幼虫
（延庆区古城-王长民2014年5月28日拍摄）

形。幼虫幼龄体色较淡；老熟体长约 55 mm，扁圆筒形，光滑；头胸部较细，腹部较粗，头粉绿色，两侧有黑斑；腹背淡绿色，腹面深绿色，节间黄绿色横纹，气门线黄白色，上衬黑色细边，气门上线墨绿色；腹足近端部有黑色横带 3 条。蛹体黑褐色，臀刺 4 个。茧灰色，较粗糙。

生活史：一年发生 3 代，以蛹结茧在墙根、枯草落叶和树根旁等处越冬。翌年 5

月和 7—8 月各代成虫分别羽化，卵单产于叶背，5—7 月和 8—9 月为各代幼虫为害期，10 月化蛹。

危害：槐树、刺槐、龙爪槐、朝鲜槐紫藤、紫薇、海棠、白杨等。

防治方法：秋、春两季找茧灭蛹。黑光灯诱杀成虫。幼虫期喷施 Bt 乳剂 500 倍液或 20% 除虫脲悬浮剂 7 000 倍液。利用保护天敌防治。

槐羽舟蛾-成虫
（延庆区张山营-王长民 2021 年 6 月 10 日拍摄）

槐羽舟蛾-成虫
（延庆区玉渡山-王长民 2022 年 6 月 30 日拍摄）

154 舞毒蛾 *Lymantria dispar* (Linnaeus)

鳞翅目 毒蛾科

分布范围：华北、东北、西北、山东、河南、湖南、湖北。河北省张家口市怀来县、赤城县有危害。

识别特征：成虫雌雄异型，雌蛾体长约 30 mm，翅展约 60 mm，前翅黄白色，中室横脉具有黑褐色"＜"形斑纹 1 个；雄蛾体长约 20 mm，翅展约 45 mm，前翅灰褐或褐色，翅中央有黑褐色点 1 个。卵圆形，馒头状，暗黄色，卵块表面覆盖暗黄色毛。幼虫 1 龄体色深，刚毛长，刚毛中间具泡状扩大的毛（风帆）。老龄体长约 75 mm，灰褐色；头部黄褐色，具"八"字形灰黑色条纹；背线灰黄色，亚背线气门上线、气门下线部位各体节均有毛瘤，排成 6 纵列；第 1~5 腹节背上有蓝色肉瘤 5 对，第 6~11 腹节背上有红色肉瘤 6 对。蛹体长 31~34 mm，赤褐或黑褐色，体表有锈黄色毛丛。

生活史：一年发生 1 代，以完成胚胎发育的幼虫在卵内越冬；4 月初幼虫陆续孵化，5 月上中旬为幼虫为害盛期，7 月为成虫羽化盛期。

第四章 食叶类害虫

危害：栎、槭、杨、柳、苹果、山楂、水稻、麦类。

防治方法：人工刮除越冬卵。灯光诱杀成虫。保护、利用寄生蝇、绒茧蜂、鸟等天敌。低龄幼虫期喷洒 20% 除虫脲 7 000 倍液。在 3～4 龄幼虫期喷洒舞毒蛾核型多角体病毒（带毒死虫体）3 000～5 000 倍液。

舞毒蛾-幼虫（延庆区王木营-王长民 2021 年 6 月 20 日拍摄）

舞毒蛾-雌成虫（延庆区大海陀-王长民 2020 年 7 月 29 日拍摄）　　舞毒蛾-雄成虫（延庆区红果寺-王长民 2015 年 7 月 25 日拍摄）

155 柳毒蛾（杨雪毒蛾）*Leucoma candida* (Staudinger)

鳞翅目　毒蛾科

分布范围：东北、西北、华北。河北省张家口市怀来县沙城镇、赤城县有危害。

识别特征：成虫体长 11～20 mm，翅展 33～55 mm，全体白色绒毛；前后翅均呈白色并微带丝质光泽；触角主干有黑白相间环纹，栉齿灰褐色；足白，胫节、跗节黑白相间。老熟幼虫体长 35～45 mm，灰黑色。头部暗黄褐色，背线褐色，亚背线两侧黄棕色，其下有一条灰黑色纵带。

生活史：北京一年发生 2 代，少数 3 代，以 2～3 龄幼虫在树皮缝中越冬。翌年 4 月下旬越冬幼虫开始活动，5 月上中旬为越冬代幼虫为害盛期。6 月中下旬和 8 月上中旬分别为各代幼虫为害期。卵产在树干表皮、枝条、叶背等处，形成如泡沫体状白色卵块。初龄幼虫于叶背只取食叶肉，有群集性，触动时能吐丝下垂，3 龄后取食整个叶片。

危害：棉花、茶树、杨、柳、栎树、栗、樱桃、梨、梅、杏、桃等。

防治方法：在树木、建筑物上、砖石底下等处，捕杀幼虫、蛹、成虫、卵块。于低龄幼虫期喷 8 000 倍的 20% 灭幼脲 1 号胶悬剂，或于较高龄幼虫期喷 400～500 倍的含孢子 100 亿个 /mL 以上的 Bt 乳剂。

柳毒蛾-卵

柳毒蛾-幼虫
（延庆区黑龙庙-王长民 2021 年 8 月 30 日拍摄）

柳毒蛾-蛹
（延庆区黑龙庙-王长民 2021 年 8 月 17 日拍摄）

柳毒蛾-成虫
（延庆区三潭沟-王长民 2024 年 6 月 19 日拍摄）

156 杨毒蛾（柳雪毒蛾） *Leucoma salicis* (Linnaeus)

鳞翅目 毒蛾科

分布范围：北京、河北、山西、东北、陕西、甘肃、青海、华东、华中、四川、云南。

识别特征：雄蛾翅展35～42 mm，雌蛾48～52 mm；体白色，触角干白色，间有黑褐色，栉齿黑褐色；下唇须黑色；足白色，具黑环；翅白色，鳞片排列密，不透明。老熟幼虫体长28～41 mm，体黄白色。头部黑色，背中线宽，黄白色纵带两侧各有1条黑色纵带，腹部第1、第2及第6、第7节背面各具短黑色横带，体节两侧各生有棕黄色毛瘤状3个。

生活史：一年发生2代，以低龄幼虫在树干缝隙等处越冬。幼虫取食杨、柳叶（幼龄期取食叶肉），多在夜间取食而白天潜伏。北京6—9月可见成虫，具趋光性。

危害：杨、柳。

杨毒蛾-为害状（怀来华侨农场-何建斌2008年6月拍摄）

杨毒蛾-卵
（怀来永丰堡-何建斌2016年8月拍摄）

杨毒蛾-幼虫
（延庆区三里河-王长民2023年6月5日拍摄）

杨毒蛾-蛹（怀来华侨农场-何建斌2021年8月拍摄）

杨毒蛾-成虫（怀来永安村-何建斌2019年6月拍摄）

157 榆黄足毒蛾 *Ivela ochropoda* (Eversmann)

鳞翅目 毒蛾科

分布范围： 河北、内蒙古、山西、东北、陕西、山东、河南。河北省张家口市土木镇、狼山乡、北辛堡镇、东花园镇、瑞云观乡、小南辛堡镇、官厅镇、桑园镇、孙庄子乡、沙城镇、存瑞镇、王家楼乡、东八里乡、大黄庄镇、新保安镇、西八里镇、鸡鸣驿乡，赤城县有危害。

识别特征： 翅展 25.0～40.0 mm。触角干白色，栉齿黑色。体白色。足白色，前足腿节端半部、胫节和跗节鲜黄色，中足和后足胫节端半部和跗节鲜黄色。前翅、后翅白色。成虫体长约 15 mm，翅展约 38 mm，白色；触角栉齿状，主干白色栉齿黑色；前足腿节端半部、胫节和跗节鲜黄色，中足和后足胫节端半部、跗节鲜黄色。卵灰黄色，鼓形。幼虫老龄体长约 33 mm，灰黄色；头灰褐色，背线黑色，亚背线黄色，亚背线与气门上线间各节有白色毛瘤，毛瘤基部黑色，气门线灰黄色，第 1、第 2 和第 7、第 8 腹节毛瘤黑色而明显，其余为白色；腹部第 6～7 节各有翻缩腺 1 个。蛹体棕黄色，腹面青灰色头顶有黑褐色毛 2 束。

榆黄足毒蛾-成虫（延庆区八达岭-王长民 2020 年 6 月 11 日拍摄）

榆黄足毒蛾-成虫（怀来月亮岛-何建斌 2017 年 8 月拍摄）

生活史： 北京一年发生 2 代，以幼虫在树皮裂缝中越冬。翌年 4 月开始活动为害，6 月化蛹，7 月成虫羽化。成虫趋光性很强，产卵于枝条和叶背面，相连成串，卵期约

榆黄足毒蛾-幼虫
（怀来沙城东沙河-何建斌 2016 年 8 月拍摄）

榆黄足毒蛾-幼虫
（延庆区千家店-路海艳 2024 年 9 月 12 日拍摄）

10 天。初孵幼虫啃食叶肉大龄幼虫沿叶缘蚕食，常把叶片蚕食光。4—10 月是幼虫为害期，10 月下旬随气温下降而相继越冬。

危害：白榆、椰榆、月季、馒头柳。

防治方法：黑光灯诱杀成虫。幼虫期用 20% 除虫脲悬浮剂 7 000 倍液或 1.2% 烟参碱 2 000 倍液进行喷洒。

158 盗毒蛾 *Porhesia similis* (Fueszly)

鳞翅目 毒蛾科

分布范围：河北、内蒙古、辽宁、吉林。

识别特征：成虫体白色，中型蛾子；前翅零星散落浅褐色斑点，后缘有黑褐色斑 0~2 个；腹末端有金黄色毛。卵橙色，半球形，中央稍凹，灰黄色，成堆，上覆盖黄褐色绒毛。幼虫老龄体长 30~40 mm，体黑色，头黑色，背线橘红色，亚背线白色呈点线状，前胸两侧有红色毛簇 1 对，每节有红色点 1 个，气门上线黄色，每节有红斑 1 块，气门下线黄色，每节有橘红色瘤 1 个，上有黄褐色刚毛，黄色腹线两侧有不规则的橘红色斑点，1~8 腹节各节背线两侧有黑色毛瘤 1 对，上有黑褐色长毛，第 9 腹节背

盗毒蛾-幼虫（延庆区滴水湖-王长民 2021 年 8 月 5 日拍摄）

面有红瘤 4 个，上有基部黑色的棕短毛。蛹体长约 10 mm，深褐色。茧黄色，薄，附有毒毛。

盗毒蛾-成虫
（赤城大海陀-王长民 2020 年 7 月 30 日拍摄）

盗毒蛾-成虫
（延庆区下德龙湾-王长民 2022 年 6 月 21 日拍摄）

生活史： 北京一年发生 2 代，以幼虫在树上结茧越冬。5 月中旬越冬幼虫破茧补充营养，造成为害，5 月下旬化蛹，6 月上旬出现第 1 代成虫。6 月第 1 代幼虫发生为害；8 月出现第 2 代成虫，9 月第 2 代幼虫发生；10 月进入越冬，该虫有世代重叠现象，为害更加猖獗。

危害： 红叶李、郁李、海棠、樱桃、悬铃木、柳、榆、构树、珊瑚树、泡桐、刺槐、枣、核桃、重阳木等。

防治方法： 黑光灯诱杀成虫。幼虫期用药剂防治，5 月上中旬是防治关键。该虫已对 Bt 乳剂产生抗性，故应选用 20% 除虫脲悬浮剂 7 000 倍液或 1.2% 烟参碱 2 000 倍液进行喷洒。结合修剪剥芽等其他养护措施，摘除虫茧。

159 折带黄毒蛾 *Euproctis flava* (Bremer)

鳞翅目 毒蛾科

分布范围： 华北、东北、陕西、甘肃、华东、华中、广东、广西、四川、贵州、云南。

识别特征： 成虫体浅橙黄色；前翅黄色，内、外线浅黄色，从前缘外斜至中室后缘折角后内斜，两线间布棕褐色鳞，形成折带，翅顶区有棕褐圆点 2 个；后翅黄色。卵扁圆形，淡黄色。幼虫头黑色体黄褐色；背线细橙黄色，在第 1~3、第 9~10 腹节中断，中后胸及第 9 腹节较宽；气门下线橙黄线；第 1、第 2 和第 8 腹节背面有黑色大瘤，瘤上生黄褐色或浅黑褐色长毛。蛹体黄褐色，背被短毛，臀棘末端有钩。茧椭圆形，灰白色。

生活史： 一年发生 2 代，以 4~5 龄幼虫群集在枯枝落叶层下、寄主根际枯草和土

折带黄毒蛾-幼虫
（延庆区农场-王长民 2010 年 5 月 19 日拍摄）

折带黄毒蛾-成虫
（延庆区张山营-王长民 2016 年 7 月 22 日拍摄）

缝等处越冬。翌年春天开始为害，6月中下旬越冬代老熟幼虫在枯枝落叶层下结茧化蛹，6月下旬至7月上中旬出现第1代成虫，8月下旬出现第2代成虫。

危害：红瑞木、樱桃、苹果、梨、桃、海棠、柿、蔷薇、栎、榉、槭属、槐、柏。

防治方法：利用幼龄幼虫和越冬幼虫吐丝结网群集叶背的习性，人工捕杀幼虫。灯光诱杀成虫。保护天敌（小茧蜂寄生蝇）。

160 古毒蛾 *Orgyia antiqua* (Linnaeus)

鳞翅目 毒蛾科

分布范围：山西、内蒙古、黑龙江、山东、河南、西藏、甘肃、宁夏等地。

识别特征：成虫雌体纺锤形，灰白色，无鳞片、无翅，体壁黑色。雄体前翅火黄色，内、外线栗褐色，外线外部有一弯月形白斑。卵球形，灰白色，上平，中间凹。幼虫体、头黑色，腹部浅黄色，前胸两侧及第8腹节背各有黑长毛1束，第1腹节毛束灰或黄褐色，第2腹节侧毛束由黑、黄色长毛组成，第1~4腹节各有牙刷状黄毛1束，第6、第7腹节背中各有红突起1个。蛹体纺锤形，黄至黑褐色，茧灰黄色，薄，外附毛。

生活史：北京一年发生2代，以卵越冬，翌年5月卵孵化，6月下旬化蛹，7月上旬成虫羽化，卵产于茧壳外表。7月中旬至9月下旬第2代幼虫发生，8月下旬至9月末第2代成虫发生。

危害：杨、柳、椴、落叶松以及桦木科、蔷薇科、杉科、杜鹃花科植物。

防治方法：灯光诱杀雄虫。冬春季人工摘除茧壳外卵块。利用寄生蜂（赤眼蜂）防治卵。

古毒蛾-幼虫（延庆区农场-王长民2004年7月14日拍摄）

161 角斑台毒蛾 Teia gonostigma (Linnaeus)

鳞翅目 毒蛾科

分布范围： 华北、东北、陕西、宁夏、甘肃、山东、江苏、浙江、河南、湖南、湖北、贵州。

识别特征： 成虫雌雄异型；雌蛾体长约17 mm，长椭圆形，无翅，只有翅痕，体火上有灰和黄白色绒毛；雄蛾体灰褐色，约15 mm，前翅红褐色，翅展30 mm，翅顶角处有黄色斑1个，后缘角有新月形白斑1个。卵近圆形，乳白色。幼虫体长约40 mm，背面黑灰色，腹面黄褐色，被灰黄白、黑色毛，体侧有黄褐色线纹，前胸背部和第8腹节背部各有黑色长毛1对，第1～4腹节背面中央各有褐黄或黄灰色毛丛1个，第4腹节缺毛瘤。

生活史： 一年发生2代，以幼龄幼虫在树皮缝、落叶层内越冬；4月开始为害芽、叶，5月化蛹；6月成虫羽化交尾产卵，卵成堆产于茧壳外。

危害： 郁李、梅、月季、海棠、山茶、玉兰、苹果、山楂、江南槐。

防治方法： 灯光诱杀雄虫。冬春季人工摘除茧壳外卵块。利用寄生蜂（赤眼蜂）防治卵。

角斑台毒蛾-幼虫（延庆区旧县镇古城村-王长民2020年5月22日拍摄）

角斑台毒蛾-成虫
（延庆区张山营-王长民2017年6月25日拍摄）

162 美国白蛾 Hyphantria cunea (Drury)

鳞翅目 灯蛾科

分布范围： 西北、华北、东北。

识别特征： 成虫体长9～15 mm，白色；触角双栉状（雄）和锯齿状（雌），主干及栉齿下方黑色；翅白色，雌蛾前翅通常无斑，雄蛾前翅无斑至较密的褐色斑，越冬代褐斑明显多于第1代；前足基节橘黄色，有黑斑，腿节端部橘红色，胫节、跗节大部黑色，跗节的爪长、弯；后足爪短直，胫节端距1对，无中距；雄性外生殖器爪形突向腹面弯曲呈钩状，抱器瓣对称，中部有一突起，阳茎稍弯，顶端着生微刺突，阳茎基环梯形、板状；腹背黄或白色，背、侧具黑点1列。卵近球形，表面具许多规则的小刻点，初产卵淡绿或黄绿色，有光泽，后变灰绿色，近孵化时灰褐色，顶部呈黑褐色。

美国白蛾-为害状（延庆区河北路-王长民2019年9月4日拍摄）

生活史：在北京一年发生完整的3代，以老熟幼虫在树皮裂缝、树洞、树下土块、枯枝落叶、包装物及建筑物缝隙等隐蔽处化蛹越冬；越冬代成虫于3月下旬至6月下旬羽化，第1、第2和越冬（3）代幼虫为害期分别为5月上旬至7月上旬、7月上旬至8月下旬、8月下旬至11月上旬，世代重叠严重。

危害：食性非常杂，几乎为害所有植物叶部，主要种类有糖槭、桑、悬铃木、臭椿、榆、白蜡、核桃、杨、山楂、苹果、李、梨、刺槐、柳等。

防治方法：

（1）冬、春季刮除主干老树皮蛹和墙缝内的蛹，集中烧毁落叶；早春越冬代产卵期及时剪除和集中烧毁带卵、带网幕的枝叶；秋季老熟幼虫下树化蛹前，在树干离地面1m高处围以稻草、干草、草帘或草绳束绑，待幼虫化蛹其中后再解下围草杀死或烧毁。

（2）保护和利用天敌资源。在老熟幼虫期和化蛹初期各释放1次周氏啮小蜂，释

美国白蛾-幼虫
（延庆区四海镇-王长民2010年8月9日拍摄）

美国白蛾-成虫
（延庆区小丰营-王长民2021年4月22日拍摄）

放量为田间美国白蛾数量的 5 倍，以有效控制害虫种群数量。

（3）用黑光灯诱杀成虫。

（4）成虫期在田间挂设美国白蛾性引诱器，挂设高度 3～4 m（越冬代略低，第 1、第 2 代要高），每间隔 100 m 挂设 1 个。

（5）药物防治，对卵及 4 龄以前幼虫喷洒 20% 除虫脲悬浮剂 7 000 倍液或病毒液。

163 漆黑污灯蛾 Spilarctia infernalis (Butler)

鳞翅目 灯蛾科

分布范围： 北京、河北、辽宁、山西。

识别特征： 雌雄异型，雄蛾翅展 34～36 mm，雌蛾 42～46 mm；雄蛾黑色，头顶黑褐色，颈板、肩角红色或橙红色，足基节红色，腹部红色，具 5 列黑点；雌蛾灰黄色至黄色，前翅无斑点，后翅后缘基部染红色。末龄幼虫体长 25～30 mm，紫褐色。刚毛白色与黑色混杂。头赭色，背线黄色，亚背线上各节毛瘤发达，具蓝色闪光。

生活史： 一年发生 1 代，多以 3～4 龄幼虫在枯枝落叶及杂草中越冬。5 月上旬越冬幼虫开始取食为害，5 月下旬老熟幼虫开始化蛹，6 月下旬进入羽化高峰期，7 月下旬开始出现幼虫，9 月中旬幼虫下树越冬。

危害： 桑、桃、樱桃、梨、苹果、柳。

漆黑污灯蛾-幼虫

164 桃剑纹夜蛾 *Acronicta intermedia* (Warren)

鳞翅目 夜蛾科

分布范围：全国多有分布。

识别特征：成虫头顶灰棕色，颈板有黑纹，腹部褐色；前翅灰色，基线前缘区黑线 2 条，基剑纹黑色、树枝形，内横线双线，暗褐色，波浪形外斜，外横线双线，外一线锯齿形；后翅白色，外横线微黑。幼虫老龄体长约 3 mm，头部棕黑色，背线黄色，亚背线由中央为白点的黑斑组成，气门上线棕红色，气门线灰色，气门下线粉红至橙黄色，腹线灰白色；第 1、第 8 腹节背有黑色锥形突起，上有黑色短毛；各节毛片上着生黄色至棕色长毛。

生活史：北京一年发生 2 代，老熟幼虫在树干上啃皮为屑、缀丝做粗茧化蛹越冬；6 月、8 月为成虫期，成虫趋光性强。7 月、9 月为幼虫期。

危害：桃、梨、樱桃、梅、李、杏、苹果、柳、榆。

防治方法：灯光诱杀成虫。幼虫期喷洒 40% 绿来宝乳油 500 倍液。

桃剑纹夜蛾-幼虫
（延庆区乌龙峡谷-王长民 2020 年 9 月 2 日拍摄）

桃剑纹夜蛾-成虫（延庆区三潭沟-
王长民 2020 年 8 月 11 日拍摄）

165 桑剑纹夜蛾 *Acronicta major* (Bremer)

鳞翅目 夜蛾科

分布范围：东北、华北、西北、华东、中南、西南。

识别特征：成虫头、胸和前翅灰白带褐色；前翅基剑纹黑色，端分枝，内线双黑，环纹和肾纹灰色白边，外线双锯齿形，端剑纹黑色，在 5、6 脉间有 1 条黑纵线与外线交叉；后翅淡褐色。卵灰绿色，幼虫老龄体长约 52 mm，灰白色；头部黑色，光滑，带有蓝色光泽；体散布大小不同的淡褐色圆斑，每体节背各具褐斑 1 个，而以第 3~6 和第 8 腹节最大；全身密布小刺，刚毛较长，灰白至黄色。

生活史： 北京一年发生 1 代，老熟幼虫吐丝脱毛缀木屑及枯叶做茧化蛹，以蛹越冬。翌年 7 月上旬成虫羽化，成虫趋光性强。产卵于叶背，卵平铺成块，每卵块数十至数百粒卵。初孵幼虫群居，3 龄后分散为害，8 月中下旬老熟幼虫为害最烈，常食光树叶。

危害： 桑、香椿、桃、梨、梅、李、柑橘。

防治方法： 灯光诱杀成虫。人工摘除越冬茧。

桑剑纹夜蛾-幼虫
（延庆区乌龙峡谷 2020 年 9 月 2 日拍摄）

桑剑纹夜蛾-成虫
（怀来县石盘口-王长民 2020 年 8 月 19 日拍摄）

166 榆剑纹夜蛾 *Acronicta hercules* (Felder & Rogenhofer)

鳞翅目 夜蛾科

分布范围： 北京、黑龙江、河北、福建。

识别特征： 成虫头、胸部灰色，腹部黄褐色；前翅灰褐色，基线、内线双线及环纹黑褐色，肾状中央黑色，肾、环纹间有一黑条，外线、亚外线锯齿形。幼虫老龄体长约 45 mm，扁圆，黄褐色，有蓝色闪光；前胸较细；腹节刚毛棕褐色，端部膨大；背线黑褐色，气门下方及腹面有成丛毛瘤，各具刚毛 5~6 根；第 8 腹节背面隆起。

生活史： 北京一年发生 1 代，以老熟幼虫

榆剑纹夜蛾-幼虫（延庆区乌龙峡谷-
王长民 2020 年 9 月 2 日拍摄）

在树皮裂缝、树洞等处吐丝做茧化蛹越冬。翌年6—7月出现成虫，成虫趋光性强，卵分散单产于叶面。

危害：榆。

防治方法：灯光诱杀成虫。幼虫期喷洒20%除虫脲悬浮剂7 000倍液。冬季摘除越冬茧。

榆剑纹夜蛾-成虫（延庆区青龙谷-董昭2024年5月拍摄）

167 黄褐箩纹蛾 *Brahmaea certhia* Fabricius

鳞翅目　箩纹蛾科

分布范围：华北、东北、华东、华中。

识别特征：成虫体长约3 mm，翅展约9 mm；头部光滑，触角丝状，与身体几乎相等；翅狭长，被银灰色鳞片；雌蛾颜色浅，腹部较粗大，雄蛾颜色稍深，腹部细而短。卵黄色，半球形。老熟幼虫体长约5 mm，黄褐色，头及前胸背板黑褐色，闪亮光，腹足退化。蛹黑褐色，长约3 mm，雄蛹前翅明显超过腹端，雌蛹前翅一般不超过腹端。

危害：水蜡、丁香女贞、桂花等。

黄褐箩纹蛾（赤城大海陀-王长民2020年7月30日拍摄）

168 黄褐天幕毛虫 Malacosoma neustria testacea Motschulsky

鳞翅目 枯叶蛾科

分布范围：北京、黑龙江、内蒙古、福建、江西、湖南、贵州、云南、青海、甘肃、四川、云南等地。河北省张家口市怀来县、赤城县有危害。

识别特征：成虫雌雄异形，雌体长15～17 mm，翅展40～50 mm，雄体长13～14 mm，翅展24～32 mm；雌性褐色，雄性黄褐色，前翅中部均有深褐色横线2条，线间为褐色宽带。卵灰白色，圆筒形、中央凹入，在小枝上密集环状排列成一"顶针"状。幼虫初孵时体黑色，老熟时体长达55 mm，头灰蓝色，有黑斑2个，背线白色，亚背线、侧线及气门上线橙黄色，第1和最末腹节背面有大黑斑1对，腹末前节4斑，其余各节杂斑。蛹体黄褐色，长约25 mm。茧淡黄色，椭圆形，外被有白粉。

生活史：一年发生1代，以完成胚胎发育的幼虫在卵壳内越冬；春季树木展叶时，幼虫孵化；4月下旬幼虫分散为害，并进入暴食期，严重发生时可将受害树木叶片全部吃光。

危害：蔷薇科植物，柞、柳、杨、桦、榛等。

防治方法：冬季摘除枝上卵块，集中烧毁。初龄期剪除网幕，杀死网中幼虫或喷洒20%除虫脲悬浮剂7 000倍液。灯光诱杀成虫。严重发生区的老龄期可喷洒核型多角体病毒液。

黄褐天幕毛虫-卵
（怀来东八里-何建斌2023年8月拍摄）

黄褐天幕毛虫-网幕
（怀来植物园-何建斌2023年5月拍摄）

黄褐天幕毛虫-幼虫
（怀来室内饲养-何建斌2023年5月拍摄）

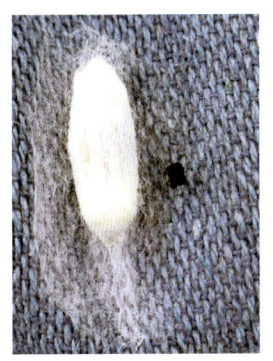
黄褐天幕毛虫-蛹
（赤城马营乡-杨金彪 2023 年 6 月 20 日拍摄）

黄褐天幕毛虫-成虫
（延庆区三潭沟-王长民 2024 年 6 月 19 日拍摄）

169 桦天幕毛虫（桦幕枯叶蛾、绵山天幕毛虫）
Malacosoma rectifascia Lajonquière

鳞翅目 枯叶蛾科

分布范围： 华北、东北、西北。河北省张家口市怀来县有危害。

识别特征： 翅展 28.0～38.0 mm。触角双栉状，黄褐色。雄蛾体翅棕黄色至黄褐色，雌蛾赤褐色。胸背、翅基有长鳞毛。前翅前缘近端部弧形，外缘倾斜，顶角后褐色缘毛处的脉端外凸是本种的特征。内线、外线深棕色，平行较直稍外弓，中横带明显色暗，带两侧衬有浅色线纹；后翅基部色淡，斑纹不明显。

生活史： 一年发生 1 代，以卵在当年生小枝上越冬。5 月上旬为幼虫孵化高峰期，7 月上旬老熟幼虫下树化蛹，7 月下旬成虫羽化，8 月上旬产卵。

危害： 桦树。

桦天幕毛虫-卵
（怀来长安岭-何建斌 2008 年 5 月拍摄）

桦天幕毛虫-幼虫
（怀来长安岭-何建斌 2009 年 5 月拍摄）

桦天幕毛虫-成虫（怀来长安岭-何建斌2023年7月拍摄）

170 油松毛虫 Dendrolimus tabulaeformis Tsai et Liu

鳞翅目 枯叶蛾科

分布范围：北京、河北、山西、陕西、山东、河南、湖北、四川、辽宁、内蒙古、宁夏、甘肃等地。河北省张家口市怀来县、赤城县有危害。

识别特征：成虫雌性翅展 70～90 mm，雄性翅展 50～70 mm，体灰白、灰褐或赤褐色；前翅中线及外横线白色，亚外缘斑列黑色呈三角形。卵椭圆形，长约 1.8 mm，淡绿色，后粉红、紫褐色。幼虫老熟时体长 80～90 mm，第 2、第 3 胸节背面丛生黑色毒毛，各节黑蓝色毛束明显，体侧有长毛和浅色纵带。蛹体纺锤形，长 30～40 mm。茧灰白色，附有幼虫毒毛。

生活史：一年发生 1 代，以 2～3 龄幼虫在树下落叶层、浅土层、石块下越冬。翌年 3 月上旬开始上树，3 月中下旬为上树高峰期，4 月上旬上树结束，6 月下旬老熟幼虫化蛹，7 月上旬为成虫高峰期，10 月中下旬幼虫下树越冬。

油松毛虫-卵（小川2021年8月27日拍摄）

油松毛虫-幼虫
（延庆区佛爷顶-王长民2017年10月31日拍摄）

危害：油松、赤松、黑松、樟子松。

防治方法：营造混交林，切忌纯林。灯光或性诱剂诱杀成虫。用阻隔法防止幼虫早春上树，如3月初在树干缠20 cm宽阻隔胶带。在4龄幼虫期以前喷洒松毛虫杆菌，5~7龄幼虫期喷洒白僵菌液或松毛虫病毒液。卵期释放赤眼蜂和黑卵蜂。

油松毛虫-成虫（延庆区大庄科—王长民2021年8月17日拍摄）

171 落叶松毛虫 *Dendrolimus superans* (Butler)

鳞翅目 枯叶蛾科

分布范围：北京、河北、东北、内蒙古、新疆北部等地。河北省张家口市赤城县有危害。

识别特征：雌成虫体长28~45 mm，触角栉齿状；雄成虫体长24~37 mm，触角羽毛状，体色多变，以灰白、黑褐为主，前翅中室白斑大而明显，前翅近外缘有黑斑8个，略呈"3"字形排列。老熟幼虫体长55~90 mm，灰褐色，有黄斑，被银白色或金黄色毛；中、后胸背面有2条蓝黑色闪光毒毛；第8腹节背面有暗蓝色长毛束。

生活史：以一年发生1代为主，以3~4龄幼虫在土中、落叶层或树干上越冬。4—5月幼虫上树取食针叶，7—8月为成虫期，10月幼虫陆续下树越冬。成虫趋光性强；越冬幼虫先取食芽苞，展叶后取食全叶；初孵幼虫多群集在枝梢端部，受惊即吐丝下垂随风飘移，2龄后逐渐分散取食，受惊后直接落至地面；多发生在背风向阳、干燥稀疏的落叶松纯林内。

危害：落叶松、油松、云杉和樟子松等。

防治方法：使用诱虫杀虫灯监测诱杀成虫。幼虫上树前，采用树干围环、缠胶带等方式阻隔防治。使用灭幼脲、除虫脲、杀铃脲等药剂防治低龄幼虫，使用植物源类药剂防治高龄幼虫。卵期释放松毛虫赤眼蜂防治。

落叶松毛虫-卵
（赤城独石口-杨金彪2021年7月27日拍摄）

落叶松毛虫-幼虫
（赤城独石口-杨金彪2019年8月13日拍摄）

落叶松毛虫-老熟幼虫
（赤城独石口-杨金彪2019年6月27日拍摄）

落叶松毛虫-成虫
（延庆区红果寺-王长民2015年7月25日拍摄）

172 杨枯叶蛾（杨褐枯叶蛾） *Gastropacha populiolia* Esper

鳞翅目　枯叶蛾科

分布范围： 华北、东北、西北、华中。

识别特征： 成虫体、翅黄褐或橙黄色，前翅窄长，内缘短，有黑色断续的波状纹5条；后翅有明显的黑色斑纹3条。卵圆形，灰白色，有黑色斑纹，覆盖灰黄绒毛。幼虫头棕色，较扁平，体灰褐，中后胸背面有蓝黑色斑1块，斑后有赤黄色横带，第8腹节背有大瘤1个，第11腹节背有瘤突；背中线褐色，侧线呈倒"八"字形黑褐纹，体侧各节各有褐色毛瘤1对，各瘤上方有黑色"V"形斑。

生活史： 北京一年发生1代，以幼龄幼虫在干、枝或枯叶中越冬。翌年4月幼虫开始活动，6月在干、枝上做茧化蛹，7月初成虫开始羽化，有趋光性，产卵于枝叶上，每雌产卵200～300粒，7月孵化，卵期约12天。

危害： 杨、柳、苹果、李、杏、梨。

防治方法： 人工捕杀枝干上幼虫。黑光灯诱杀成虫。幼虫发生严重期，喷洒100亿个孢子/mL Bt乳剂500倍液或3%啶虫脒乳油1 000倍液。

杨枯叶蛾-幼虫（延庆区沈家营-王长民2022年4月4日拍摄）

杨枯叶蛾-成虫
（怀来狼山林场-何建斌2017年6月拍摄）

杨褐枯叶蛾-成虫
（延庆区玉皇庙北山沟-董昭2024年6月拍摄）

173 苹果枯叶蛾 Odonestis pruni (Linnaeus)

鳞翅目 枯叶蛾科

分布范围： 华北、东北、陕西、甘肃、华东、华中、广西、四川、云南。

识别特征： 翅展 37.0～65.0 mm。体翅橙黄褐色，前翅各线较翅面色暗，内线、外线弧形，中室端有1个明显的近圆形银白色圆斑。亚外缘波状深锯齿线隐约可见，外缘锯齿形，缘毛同翅色；后翅色淡，有两条不明显的深色横纹，外缘锯齿形。

危害： 苹果、梨、李、梅、樱桃。

苹果枯叶蛾（延庆区张山营-王长民2020年6月10日拍摄）

174 杨目天蛾 Smerinthus caecus Ménétriés

鳞翅目 天蛾科

分布范围： 河北、黑龙江、吉林。

识别特征： 成虫胸背棕褐色，腹两侧有白色纹；前翅红褐色，内线、中线和外线棕褐色，中室有灰白长斑；后翅暗红色，后角有棕黑色目形斑，斑中有粉白弧纹2条。卵扁椭圆形，翠绿色，表面有一凹坑。幼虫老熟时体青绿色，无背中线，腹部斜线黄白色，两侧有颗粒组成的线纹，臀角紫红色，背面有黑点。蛹体深褐色。

生活史： 北京一年发生2代，以蛹于地下越冬。5月和7月为成虫期，趋光性强。6—7月和8—9月分别为各代幼虫期，卵产于叶面。

危害： 杨、柳树。

防治方法： 灯光诱杀成虫。在树周翻地，杀死越冬蛹。

杨目天蛾-成虫（延庆区玉渡山-董昭 2024 年 6 月拍摄）

175 蓝目天蛾 *Smerinthus planus* Walker

鳞翅目　天蛾科

分布范围： 东北、内蒙古、河北、河南、山东、江苏、上海、浙江、安徽、江西、陕西、宁夏、甘肃等地。

识别特征： 成虫体长约 36 mm，翅展约 90 mm，灰黄色；前翅狭长，翅面有波浪纹，中室有浅色新月形斑 1 个；后翅浅灰褐色，中央紫红色，有深蓝色大圆斑 1 个，其周围为黑色环。卵椭圆形，有光泽。幼虫老龄体长约 90 mm，黄绿色；头绿色，近三角形，两侧色淡黄；胸部青绿色，各节有细横褶；前胸有横排的颗粒状突起 6 个，中胸有小环 4 个，每环上左右各有大颗粒状突起 1 个，后胸有小环 6 个，每环也各有大颗粒状突起 1 个，腹部黄绿色；黄白色小粒点，第 1～8 腹节两侧有黄白色斜线纹，最后一条直达尾角，气门淡黄色，周围黑色，前方常有紫色斑 1 块；尾角斜向后方。蛹体黑褐色。

生活史： 北京一年发生 2 代，以蛹在土中越冬。翌年 4 月下旬至 5 月上旬出现成虫，刺槐开花、杨花飞絮为羽化盛期。成虫有趋光性，将卵产在叶背，卵期约 15 天。初孵幼虫分散取食叶片，大龄幼虫食量猛增，地面可见大粒绿色虫粪。7 月中下旬至 8 月上旬为第 2 代成虫期，8—9 月为幼虫为害期，10 月上中旬进入越冬。

危害： 柳、杨、榆、梅、苹果、核桃、海棠、李、杏、樱桃等。

防治方法： 人工挖越冬蛹。黑光灯诱杀成虫。发生不重时可人工捕杀幼虫，尽量不喷药剂，以保护天敌。发生严重时喷施 1.2% 烟参碱 1 000 倍液防治。

蓝目天蛾-幼虫
（延庆区玉渡山-王长民 2004 年 9 月 8 日拍摄）

蓝目天蛾-成虫
（延庆区红果寺-王长民 2015 年 7 月 14 日拍摄）

176 榆绿天蛾 *Callambulyx tatarinovi* (Bremer et Grey)

鳞翅目 天蛾科

分布范围： 华北、东北、宁夏、山东、河南。河北省张家口市怀来县土木镇、狼山乡、小南辛堡镇、官厅镇、沙城镇、存瑞镇、王家楼乡，赤城县有危害发生。

识别特征： 成虫体长 20～35 mm；头绿色，两触角间有白纹相连；胸背两侧淡绿色；腹背绿色，各腹节后缘具白边；前翅绿色，内、外线深绿色，不规则弯曲后缘及翅基部色浅，臀角黑短纹 4 条，翅项角白纹内斜；后翅鲜红色，外缘绿色前、后缘白色，臀角有暗色横线。卵球形，淡绿至灰绿色。幼虫初龄体粉绿色，头大胸细，颗粒白色；老龄体长 58～67 mm，绿色或黄绿色；头近三角形，体密生淡黄色颗粒；胸部小环节明显；每腹节各有横皱褶 7 个，腹侧有较大颗粒排列的黄白斜纹 7 条，以 1、3、5、7 节上更显；尾角紫绿色，直，有白色小颗粒。体色分两个色型：①绿色型，全体

榆绿天蛾-幼虫
（延庆区滴水湖-王长民 2021 年 8 月 5 日拍摄）

榆绿天蛾-成虫（延庆区康庄-董昭 2024 年 4 月拍摄）

绿色，颗粒黄白色，斜纹紫褐色，气门黄褐色，腹足下缘横带淡黄色；②赤斑型，全体黄绿色，颗粒白色，斜纹橘红色，气门黄色，腹足下缘横带棕褐色。

生活史：一年发生2代，以蛹在土壤内越冬；6月上旬成虫羽化，6月下旬至8月为幼虫发生期；9月老熟幼虫入土化蛹越冬；卵单产于叶片，幼虫孵化后，先啃食叶表皮，稍长大后蚕食叶片。

危害：榆、榉、卫矛、柳、杨。

防治方法：黑光灯诱杀成虫。

177 樗蚕蛾 *Philosamia cynthia* Walker et Felder

鳞翅目 大蚕蛾科

分布范围：东北、华北、华东、西南各地。

识别特征：成虫体长20～30 mm，翅展110～125 mm；体大型，青褐色，头四周、颈板前端、前胸后缘、腹背线、侧线及末端均白色；前翅褐色，顶角圆突，粉紫色，具黑色半透明眼斑1个，前后翅中央各具新月斑1个，斑外侧有纵贯全翅的宽带1条，带中粉红色，外侧白色，内侧深褐色，边缘有白曲纹1条。卵扁椭圆形，长约1.5 mm，灰白色，上有褐色斑。

樗蚕蛾-幼虫（延庆区三潭沟-王长民2020年8月11日拍摄）

幼虫老熟体长55～60 mm，青绿色，被有白粉，各体节有枝刺6根，以背中2根为大；体粗大，头、前中胸及尾部较细。蛹体棕褐色，长约28 mm。茧灰白色，橄榄形，上端开孔，茧柄长50～130 mm。

生活史：北京一年发生2代，以蛹在树木上结茧越冬。5月成虫羽化、交尾和产卵，产卵于叶背，卵成堆，卵约经12天孵化幼虫，初龄幼虫群集为害，5—6月和9—11月分别是各代幼虫期。幼虫在树上缀叶结茧，越冬代多在杂灌木上结茧。成虫飞翔力强，有趋光性。

危害：臭椿、乌桕、悬铃木、冬青、樟合欢、柑橘、刺槐、泡桐、枫杨、核桃等。

防治方法：人工捕杀幼虫和摘茧。灯光诱杀成虫。幼龄幼虫期喷洒除虫脲8 000倍液。保护和利用天敌。

樗蚕蛾-成虫（延庆区莲花山-王长民2024年7月16日拍摄）

178 绿尾大蚕蛾 *Actias selene ningpoana* Felder

鳞翅目 大蚕蛾科

分布范围： 北京、河北、河南、江苏、浙江、江西、湖南等。

识别特征： 成虫翅展约 123 mm，粉绿色前翅前缘紫褐色，外缘黄褐色，中室末端有眼斑 1 个，翅脉较明显，灰黄色，后翅也有眼纹 1 个，后角尾状突出长约 40 mm。卵球形，稍扁，灰黄色，直径约 2.5 mm。幼虫 1、2 龄体褐色，3 龄橘红色，4 龄嫩绿色，老龄黄绿色，老熟幼虫体长 73～82 mm，头较小，浅褐色气门线下至腹面浓绿色，腹面黑色，臀板中央及臀足后缘有紫褐色斑；中、后胸及第 8 腹节背的毛瘤顶端黄色，基部黑色，其他部位毛瘤端部蓝色，基部棕黑色，其上的刚毛棕黄色，身体其他部位的刚毛黄白色。蛹体赤褐色，长 45～50 mm，粗 26～32 mm，额区有浅黄色三角斑 1 个。茧灰色，椭圆形，长径 50～55 mm，短径 25～30 mm。

生活史： 一年发生 2 代，以蛹在树木下部枝干分叉处结茧越冬。翌年 4 月中旬至 5 月上旬冬蛹羽化，5 月中旬出现第 1 代幼虫，6 月上旬老熟幼虫化蛹，6 月下旬至 7 月上旬出现第 1 代成虫，7 月上中旬出现第 2 代幼虫，9 月上中旬老熟幼虫结茧化蛹进入越冬状态。

危害： 柳、杨、樱花、紫薇、枫杨、枫香、喜树、核桃、苹果、火炬树等。

防治方法： 黑光灯诱杀成虫。在幼龄幼虫期喷洒 Bt 乳剂 500 倍液或 20% 除虫脲悬浮剂 7 000 倍液。人工捕杀老龄幼虫，采茧灭蛹。

绿尾大蚕蛾-幼虫　　　　　　　　　　　绿尾大蚕蛾-成虫
（延庆区乌龙峡谷-王长民2020年9月2日拍摄）　（延庆区三潭沟-王长民2020年8月11日拍摄）

179 单齿翅蚕蛾（黄波花蚕蛾） *Oberthueria yabdu* Zolotuhin & Wang

鳞翅目　蚕蛾科

分布范围： 华北、东北、西北、西南、福建。

识别特征： 翅展 38.0～45.0 mm。触角干灰白色，端梢和双栉枝黄褐色。体翅黄褐色至赤褐色。前翅顶角钩状，外凸翅外缘中部一大齿突。内横线呈间断或细线连接的黑曲纹，中室端衬黑环边的赤褐圆点斑，外横线由1列黑新月斑组成。亚外缘线浅灰褐色，与1列黑色晕影斑带重叠；后翅斑纹同前翅，外缘近臀角有一大一小尖齿突。

危害： 栓皮栎、五角枫、七裂叶及桑科植物。

单齿翅蚕蛾（延庆区张山营-王长民2016年7月22日拍摄）

180 落叶松鞘蛾 *Coleophora laricella* (Hübner)

鳞翅目 鞘蛾科

分布范围： 东北三省和内蒙古的东部、大兴安岭、小兴安岭一带。河北省张家口市怀来县、赤城县有危害。

识别特征： 成虫体长约 3 mm，翅展约 9 mm；头部光滑，触角丝状，与身体几乎相等；翅狭长，被银灰色鳞片；雌蛾颜色浅，腹部较粗大，雄蛾颜色稍深，腹部细而短。卵黄色，半球形。老熟幼虫体长约 5 mm，黄褐色，头及前胸背板黑褐色，闪亮光，腹足退化。蛹黑褐色，长约 3 mm，雄蛹前翅明显超过腹端，雌蛹前翅一般不超过腹端。

落叶松鞘蛾-蛹
（赤城独石口-杨金彪2022年6月13日拍摄）

生活史： 一年发生 1 代。成虫羽化期从 6 月上旬至 7 月上旬；成虫交尾 1 次，交尾 1 天后便可以产卵，一般情况下每枚针叶产卵 1 粒，成虫平均寿命为 4 天，幼虫于 7 月中旬大量出壳，越冬场所主要在芽苞上、短枝基部、树皮缝处。

危害： 落叶松。

落叶松鞘蛾-幼虫
（塞罕坝林场-周建波2015年5月26日拍摄）

落叶松鞘蛾-幼虫（塞罕坝林场-周建波2015年5月26日拍摄）

181 蛇眼蝶 *Minois dryas* (Scopoli)

鳞翅目 眼蝶科

分布范围：黑龙江、山东、河北、山西、陕西、新疆、河南、浙江、江西、福建等地。

识别特征：蛇眼蝶翅展 55～65 mm。体翅黑褐色。前翅基部一条脉明显膨大，中室外端有 2 个黑眼纹，瞳点青蓝色；后翅有一极小黑色眼状纹，外缘波状；翅反色略淡，前翅 2 枚眼纹明显较正面大，具棕黄圈；后翅由前缘中部至臀角处有一条不太清晰的弧形白带，有的翅基亦有一条，有些无白带纹。前后翅亚缘区有一条不规则黑条纹。缘线黑色，缘毛黑褐色。雌性个体眼纹明显较雄性大，色略淡。翅反，前翅顶角、外缘具白色鳞片。成虫多活动于草灌木丛，因个体较大，飞行时容易与眼蝶科其他种区分。

生活史：喜访花，一年发生 1 代，发生期 7—8 月，可分布至海拔 2 300 m 处。蛇眼蝶的幼虫在马上入冬的时候从卵里钻出来，不吃不喝，趴在草叶上忍受寒冷，直到春暖花开。

危害：水稻、早熟禾、结缕草等植物。

蛇眼蝶（延庆区后河-王长民 2016 年 8 月 26 日拍摄）

182 绢粉蝶 *Aporia crataegi* (Linnaeus)

鳞翅目 粉蝶科

分布范围：北京、山西、内蒙古、青海、湖南、陕西、东北、河南、宁夏等地。河北省张家口市赤城县有危害。

识别特征：中大型粉蝶，翅展 50～80 mm。体黑色，头胸及足被淡黄白色至灰白色鳞毛。触角棒状，端部淡黄色。雄蝶翅白色，翅脉黑色，前翅外缘除臀脉外各脉末端均有烟黑色的三角形斑纹。后翅的翅脉细，黑色明显，鳞粉分布较前翅厚，呈灰白色。翅腹面脉纹较背面明显，常散布一层淡灰色鳞片。雌蝶整体偏赭黄色，翅脉黑褐色，前翅背面顶角泛黄色，中室及后缘呈半透明状。腹面与背面类似，呈黄灰色。老熟幼虫体长 40～45 mm，粗壮，略呈圆筒形，灰褐色，密布小黑点，头黑色，胴部背面有 3 条黑色纵纹，其间夹有 2 条黄褐色纵纹，腹面灰色。头胸臀板黑色。

生活史：一年发生 1 代，成虫多见于 5—7 月，6 月最盛，此蝶发生期数量极多，个体较大，洁白飘逸，玉渡山、松山都能见到，有时甚至还会飞到平地的花园中，和小檗绢粉蝶同时发生，常在河边湿地、沙滩上集群饮水，可形成上百只的较大群体，雪白的一大片。

危害：蔷薇科的苹果、梨、山楂等果树和山杨、卵叶桦、山柳等。

绢粉蝶-幼虫（赤城军屯堡-王长民 2021 年 5 月 19 日拍摄）

绢粉蝶-成虫（延庆区佛爷顶-王长民 2021 年 6 月 13 日拍摄）

第四章 食叶类害虫

183 淡色钩粉蝶　*Gonepteryx aspasia* Ménétriés

鳞翅目 粉蝶科

分布范围：北京、河北、山西、黑龙江、吉林、辽宁、江苏、福建、四川、云南、西藏、陕西、甘肃、青海等地。

识别特征：中大型粉蝶，翅展 52～70 mm。雄蝶总体呈嫩黄绿色，前翅背面硫黄色到柠檬黄色，后翅浅黄色。中室端斑小而圆，浅橙红色。前翅顶角和后翅臀角中等突出。腹面呈很浅的乳黄色，前翅中部和基部有较暗的淡黄色区域。雌蝶绿白色，偏嫩绿，翅狭长，斑纹与雄蝶类似。腹面乳白色，但前翅中部和基部白色。

危害：鼠李、枣及酸枣等。

淡色钩粉蝶-成虫（延庆区松山-王长民2023年7月25日拍摄）

184 丝带凤蝶　*Sericinus montela* Gray

鳞翅目 凤蝶科

分布范围：北京、辽宁、黑龙江、吉林、河北、甘肃、宁夏、陕西、河南、浙江、江西、湖北、湖南等地。

识别特征：中型凤蝶，翅展 50～60 mm，性二型，一黑一白像一套配对的礼服，"白色礼服"是雄性，"黑色礼服"反而是雌性。躯体黑、白、红三色相间，触角短，翅薄如纸，尾突细长。雄性翅底色为淡黄白色，基角、前缘、顶角及外缘黑色或黑褐色，中室中部和端部各有1个黑色条斑，中后区有1列大小和形状都不规则的夹带有红色（极个别个体呈黄色）的黑斑。后有1条中横带，中间错位后与臀角的大黑斑相连，大黑斑中有红色横斑，此红斑有时沿中横带延伸到前缘，红横斑下有蓝斑，有些

· 173 ·

个体中室还有 1 块大黑斑。雄蝶尾突的长度常短于雌蝶或等于雌蝶,绝不会长于雌蝶。雌蝶前翅中室有 5 个大小不同、形状各异的不规则黑褐斑;前缘、外缘、亚外缘、外中区、中区、基区和亚基区都布有不规则的黑褐色斑或带后翅基区、亚基区有不规则的斜横带,中带红色,在室错位,到外中区直达后缘,且镶有黑边;亚外缘区具黑色带,此带间有些个体有蓝斑,外缘波状、黑色;尾突长,黑色,末端黄白色。腹面与背面相似。春型个体大小只有夏型的一半,尾突较短;夏型个体较大,尾突长度是春型的 2 倍多。

生活史:一年发生 3~4 代,以蛹越冬,每年 4—10 月可见成虫,一般分布于海拔 1 000 m 以下山地,飞翔轻缓,雌性飞行能力较弱,一般藏在马兜铃附近,不遇到惊吓不飞,由于颜色较淡不易被发现。春季雌蝶将卵产在马兜铃嫩芽的基部,找到马兜铃就能找到该种类蝴蝶,有马兜铃分布的地方有时会有大量的聚集,能在寄主叶片上看到各龄期幼虫。

危害:北马兜铃和马兜铃。

丝带凤蝶-幼虫(延庆区北地村-王长民 2024 年 8 月 29 日拍摄)

丝带凤蝶-雌(延庆区佛爷顶-王长民 2013 年 7 月 24 日拍摄)

第四章 食叶类害虫

丝带凤蝶-雄（延庆区周四沟-王长民2021年6月14日拍摄）

185 花椒凤蝶（柑橘凤蝶、橘黄凤蝶） *Papilio xuthus* (Linnaeus)

鳞翅目 凤蝶科

分布范围：河北、陕西、河南、河北、辽宁、甘肃等地。

识别特征：体长25~30 mm，翅长70~100 mm。体黄绿色，背面有黑色的直条纹。翅黄绿色或黄色，沿脉纹两侧黑色，外缘有黑色宽带，带间的黄绿色月斑前翅有8个，后翅有6个。前翅中室端部有2个黑斑，基部有几条黑色纵线。后翅外缘波状，中间有一尾状突起；后翅黑带被有散生的蓝色鳞粉，臀角有一橙黄色圆斑，中间有一小黑点。老熟幼虫体长35~48 mm，草绿色。前胸中央有1个黄色分叉的臭角，不惊动不伸出，后胸有2个马蹄状斑，两侧有眼状斑。第1腹节后缘有1条黑色横带，腹部第6、第7节侧面有向下延伸白色斜纹。初龄幼虫黑色，具瘤状突起和白色斜带纹，形如鸟粪。

生活史：一年发生2~3代，以蛹在枝条、建筑物等隐蔽处越冬。4月中下旬，即花椒发芽期越冬代成虫羽化，6月上旬第1代成虫羽化，7月下旬第2代成虫羽化。

危害：花椒等芸香科植物。

花椒凤蝶-幼虫
（延庆区大营村-王长民2021年8月10日拍摄）

花椒凤蝶-蛹（延庆区大营村-王长民2021年8月21日拍摄）

花椒凤蝶-成虫（延庆区大营村-王长民2021年8月25日拍摄）

186 白钩蛱蝶 *Polygonia c-album* (Linnaeus)

鳞翅目 锤角亚目

分布范围：全国各地。

识别特征：中型蝶，翅展 49～55 mm，体长 14～19 mm，触角 10～12 mm，白钩蛱蝶成虫有春型、夏型和秋型之分，色彩和外形有较大的差异。春型翅面黄褐色，夏型色艳体大，秋型略带红色，反面秋型为黑褐色，双翅外缘的角突顶端春型稍尖，秋型则浑圆，后翅反面均有"工"形银色纹，秋型颜色鲜艳。

生活史：白钩蛱蝶在大兴安岭地区一年发生3代，以悬蛹固着在枝条上越冬，幼虫与成虫世代交替。第1代成虫在翌年4月上旬羽化，4月下旬产卵，卵期6～8天，卵散产于榆叶的正面，每叶2～5粒。4月底前孵化，初孵幼虫取食卵壳，留存部分卵壳附在榆树叶片上，幼虫主要以榆树叶片为食，食物短缺时也以忍冬科及其他植物为食。5月上旬，幼虫经历3次蜕皮，在5月中下旬化蛹，6月上旬羽化为第2代成虫。成虫在6月中旬产卵，7月中旬化蛹，幼虫也以榆树叶片为食。7月下旬羽化，8月上旬产卵，8月中旬孵化，9月中旬化蛹越冬。由于世代交替，也有极少数成虫越冬现象。

危害：大麻、黄麻、朴、榆、忍冬。

防治方法：保护和利用白钩蛱蝶的天敌昆虫异色瓢虫进行生物防治。

白钩蛱蝶-幼虫
（延庆区八亩地村-王长民2021年8月12日拍摄）

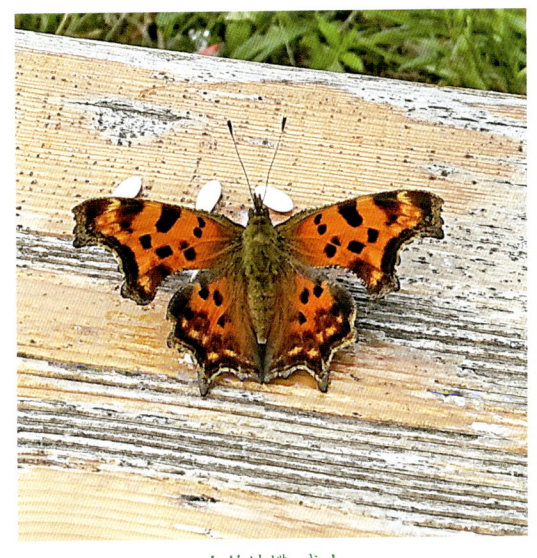

白钩蛱蝶-成虫
（延庆区松山-王长民2018年8月25日拍摄）

187 黄钩蛱蝶 *Polygonia c-aureum* (Linnaeus)

鳞翅目 蛱蝶科

分布范围：全国除西藏外均有发生。

识别特征：体长18 mm左右，翅展45～61 mm，为中型蝶类。翅缘凹凸分明，前翅2脉和后翅4脉末端突出部分尖锐（秋型更加明显）；前翅前缘暗色，外缘有黑褐色波状带，反翅外缘和亚缘各有一黑褐色波状带（秋型色淡些）；前翅中室内有黑褐色斑，有时外边两斑相连。中室端有一长形黑褐色斑，中室与顶角间有一道矩形黑褐斑，中室外有4个排成"品"字形黑褐斑，其中后缘外侧斑纹内有一些青色鳞。后翅基半部有几个黑褐斑作歪形排列，其中外侧1～3个斑内有一些青色鳞。夏型翅面黄褐色，秋型翅面红褐色。翅反面后翅中央有银白色"L"形纹十分醒目。夏型黄色，由褐色波状细线组成斑纹；秋型雄蝶黄褐色，有深褐色斑纹，雌蝶黑褐色，亦有深色相同斑纹。

生活史： 一年完成两个世代，以成虫越冬。第1代幼虫从孵化到化蛹需18天（7月6—24日，平均温度为21℃）。随着温度不同而蛹历期亦不同。

危害： 大麻科的大麻，亚麻科的亚麻，芸香科的柑橘属，蔷薇科的榆属、梨属等。

黄钩蛱蝶-幼虫
（延庆区张山营-王长民2007年9月3日拍摄）

黄钩蛱蝶-成虫
（延庆区后河-王长民2016年8月26日拍摄）

188 大红蛱蝶 *Vanessa indica* (Herbst)

鳞翅目 蛱蝶科

分布范围： 全国各地。

识别特征： 翅黑褐色，外缘波状。前翅M1脉外伸成角状，翅顶角有几个白色小点，亚顶角斜列4个白斑，中央有1条宽的红色不规则斜带。后翅暗褐色，外缘红色，内有1列黑色斑，内侧还有1列黑色斑。前翅反面除顶角茶褐色，前缘中部有蓝色细横线；后翅反面有茶褐色的云状斑纹，外缘有4枚模糊的眼斑。

生活史： 一年发生2代，以成虫在树洞、石缝、杂草、落叶中越冬和越夏。翌年4月成虫开始活动，5月初产卵于叶上；1～2龄幼虫群集结网为害，3龄后分散为害；6月下旬在枝干上倒挂化蛹；9月为第2代老龄幼虫期。

危害： 苎麻、密花苎麻、黄麻、大麻、荨麻、异叶蝎子草、榆树等。

防治方法： 使用农业防治网捕成虫，集中消灭。

大红蛱蝶-幼虫（延庆区上水沟村-王长民 2024年8月2日拍摄）

大红蛱蝶-蛹
（延庆区东沟村-王长民1998年8月7日拍摄）

大红蛱蝶-成虫（延庆区大海坨-王长民2018年9月4日拍摄）

第五章 病　害

189　苹桧锈病（梨桧锈病）

病原： 山田胶锈菌 *Gymnosporangium yamadae* Miyabe

分布范围： 全国各地。北京市延庆区、河北省张家口市怀来县有危害。

病原特征： 山田胶锈菌又称苹果东方胶锈菌，属担子菌亚门、冬孢菌纲、锈菌目、柄锈菌科、胶锈菌属真菌，是一种转主寄生菌，在苹果树上形成性孢子和锈孢子，在桧柏上形成冬孢子，以后萌发产生担孢子。性孢子器近圆形，埋生于表皮下。性孢子单细胞，无色，纺锤形。锈孢子器圆筒形，一般在叶背，也可长在果实上。锈孢子球形或多角形，单细胞，栗褐色，膜厚，有瘤状突起。护膜细胞长梭形或长六角形，有卵圆形的乳头状突起。冬孢子双细胞，无色，具长柄，卵圆形或椭圆形，分隔处稍缢缩，暗褐色。冬孢子的两个细胞各具有2个发芽孔，萌发时长出有分隔的担子，4个细胞，每胞上生1个小梗，顶端着生1个担孢子。担孢子卵形，淡黄褐色，单细胞。

危害： 桧柏、龙柏、苹果、海棠和山楂等。

苹桧锈病-桧柏
（延庆区风沙源-王长民2022年5月2日拍摄）

苹桧锈病
（延庆区井庄-王长民2020年8月8日拍摄）

第五章 病　害

防治方法：

（1）避免仁果类果树与柏科树木近距离栽植。

（2）冬季剪除柏树上的瘿瘤。

（3）春季第一场透雨后，孢子萌发扩散前在柏树上连喷 2 次 1~3° Bé 石硫合剂，在仁果类果树上使用 15% 三唑酮可湿性粉剂等喷雾防治。

（4）7—10 月病菌转移到柏树时，使用 100 倍等量式波尔多液等喷雾防治。

苹桧锈病（延庆区张山营-王长民2015年8月18日拍摄）

苹桧锈病（延庆区张山营-王长民2016年7月6日拍摄）

190 杨树炭疽病（杨树黑叶病）

病原： 胶孢炭疽菌 *Colletotrichum gloeosporioides*（Penz.）Penz.& Sacc.

分布范围： 全国各地杨树种植区。北京市延庆区有危害。

病原特征： 胶孢炭疽菌主要以侵染枝、叶为主，严重时导致大片的杨树叶片枯死，枝梢形成俗称的"黑叶"症状。

症状： 受害叶片发黑，悬而不落；发病初期，叶柄上有明显的黑褐色病斑，雨季为发病高峰。病害多发生在叶柄基部，病部先出现黑褐色病斑，病斑扩展包围整段叶柄时，叶片逐渐变褐枯死；嫩枝上的病斑为溃疡斑。病叶初期在叶背面出现针头大小的水渍斑点，叶正面相应处失绿，随后病斑不断扩大，形成黑色病斑。最后病叶脱落，枝梢光秃。

危害： 杨树。病菌借风、雨传播；苗木或幼林密度大时，易发生病害。

防治方法：

（1）清除病枝、叶，集中深埋或烧毁。

（2）生长期喷洒 50% 多菌灵或 50% 甲基硫菌灵 500 倍液。

（3）选育抗病品种。

杨树炭疽病（延庆区妫河-王长民 2018 年 9 月 15 日拍摄）

杨树炭疽病（延庆区小河屯-王长民 2015 年 8 月 13 日拍摄）

191 黄栌白粉病

病原： 漆树钩丝壳菌 *Erysiphe verniciferae*（P.Henn.）U. Braun & Takam.

分布范围： 全国各地。河北省张家口市怀来县、赤城县有危害。

危害： 黄栌、五角枫等。

症状： 病原在病落叶和病枝上越冬；6月下旬至7月上旬发病，8—9月为发病盛期。白粉病发生在叶、嫩茎、花柄及花蕾、花瓣等部位，初期为黄绿色不规则小斑，边缘不明显。随后病斑不断扩大，表面生出白粉斑，最后该处长出无数黑点。染病部位变成灰色，连片覆盖其表面，边缘不清晰，呈污白色或淡灰白色。受害严重时叶片皱缩变小，嫩梢扭曲畸形，花芽不开。

防治方法：

（1）选择抗病品种。

（2）在购入苗木时要严格剔除染病株，杜绝病源。

（3）进行扩繁时，要剪取无病虫插枝或根蘖作为无性繁殖材料。

（4）苗木出圃时，要进行施药防治，严防带病苗木传入新区。

（5）与非寄主花木轮作2～3年，以减少病源。

（6）预防大棚内花木发病。大棚育苗种植前，彻底清除棚内所有植物，清扫棚室，用药物熏烟等手段严格消毒。

（7）药剂防治。

黄栌白粉病（丰台-赵京芬拍摄）

黄栌白粉病（丰台-赵京芬拍摄）

黄栌白粉病（丰台-赵京芬拍摄）

192 毛白杨锈病

病原： 马格栅锈菌 *Melampsora magnusiana* Wagner

分布范围： 国内广泛分布。河北省张家口市赤城县、怀来县有危害。

症状： 毛白杨锈病发生在越冬的病芽、萌发的嫩芽、叶片叶柄和嫩梢上。嫩芽染病，常常在其刚萌动和放叶时，新梢上出现密集的黄色粉堆（即病菌的夏孢子堆），形似一束黄色的锈球花，病芽往往不久即枯死。

受到该病侵染严重的病芽约经3周便干枯萎蔫。展叶后，黄色粉堆散生于叶背，叶面的相应部位呈黄色斑点；受害严重的病叶呈畸形，特别是刚展开的新叶染病后发育不好，形成锈头状。已硬化叶片不易感病。染病的叶柄和嫩梢上也会产生黄色粉堆，呈条状着生，孢子飞散后嫩梢易被其他病菌侵染而形成枯梢。染病落叶在第2年春季有时可生赭色疤状小点，为病菌的冬孢子堆。

病菌主要以菌丝状态在冬芽或其他组织内潜伏越冬。翌春当冬芽萌动时，越冬的菌丝亦逐渐发育，并在越冬的病芽、新梢和嫩叶上产生夏孢子堆，成为该病初侵染的中心。当病株达到一定数量时，在适宜的气候条件下，毛白杨锈病会进一步随风扩散。

危害： 小叶杨、新疆杨、银白杨等多种杨树。

防治方法：

（1）选栽抗病性强的优良品种。选育优质、速生、抗病性强的树种。

（2）春季萌芽时，一旦发现病株，要及时摘除病芽、病叶，剪除病枝，收集后统一烧毁或深埋，以控制初次侵染病原的扩散蔓延。同时，在杨树生长季节，注意清除林地内的染病落叶并集中烧毁，以减少二次侵染。

（3）在发病初期，可用1%石灰多量式波尔多液、65%代森锌可湿性粉剂500倍液、0.3～0.5°Bé石硫合剂、敌锈钠200倍液等药剂，每10～15天喷洒1次进行预防，几种药剂交替使用，避免出现抗药性，影响防治效果。

毛白杨锈病-毛白杨（延庆区张山营-王长民2016年7月13日拍摄）

193 杏疔病

病原： 杏疔座霉 *Polystigma deformans* Syd，属于囊菌亚门真菌。

分布范围： 杏种植区。河北省张家口市怀来县孙庄子乡有危害。

症状： 杏疔病主要为害杏树新梢和叶片，还可为害花和果实。杏疔病发生时整个杏树新梢的枝叶全部发病，受害严重的树上挂满成簇的发黄病叶丛。

新梢染病后，生长缓慢或停滞，节间缩短，表皮逐渐由暗红色变成黄绿色，其上叶片簇生、卷曲、增厚、变硬，叶色失绿，由黄色渐变为黄红色至褐色，叶柄短粗，基部肿胀，并在叶片两面散生许多红褐色小粒点，遇雨或潮湿条件释放出大量淡黄色黏液，干燥后粘附在叶面上形成黄色胶质层。秋季病叶干枯变黑，质脆易碎，叶背散生小黑点，病叶成簇挂在枝条上，不易脱落，受害枝梢一般不能结果或结果少。

杏树花被侵染后，花萼肥厚，开花受阻，即使能开放，其花瓣多为畸形，花萼和花瓣均不易脱落。果实染病，生长停滞，果面生淡黄色、不规则病斑，中后期病斑上散生红褐色小粒点，病果后期干缩脱落或挂在树上。

危害： 主要危害杏树。

防治方法：

（1）育苗或建园时宜选择地势高燥、背风向阳地块，避免在地势低洼地块建园，同时合理控制栽植密度。

（2）加强栽培管理，增强树体抗病力，科学施肥，协调氮、磷、钾肥施用比例，优化土壤理化性状；及时排除低洼易涝园内积水，适度中耕，提高土壤透气性。

（3）尽量减少树体伤口，对剪、锯口及时涂抹杀菌剂或油漆等进行封闭，减少病

杏疔病（延庆区佛爷顶-王长民2021年6月9日拍摄）

菌侵染途径。

（4）冬季修剪后或春季萌芽前，全园喷洒 1 次 5° Bé 石硫合剂，或春季萌芽前喷洒 5% 菌毒清水剂 1 000 倍液或 25% 丙环唑乳油 800 倍液。从展叶期开始每 15 天交替喷 80% 代森锰锌可湿性粉剂 800 倍液、1∶1.5∶200 倍波尔多液、70% 甲基硫菌灵可湿性粉剂 800 倍液或 50% 多菌灵可湿性粉剂 800 倍液等药剂进行预防。

194 杨树黑斑病

病原：杨褐盘二孢菌 *Marssonina brunnea*（Ell. et Ev.）Sacc.

分布范围：杨树分布区。河北省张家口市赤城县有危害。

症状：受害叶片发黑，悬而不落；发病初期，叶柄上有明显的黑褐色病斑；雨季为发病高峰期。病害多发生在叶柄基部，病部先出现黑褐色病斑，病斑扩展包围整段叶柄时，叶片逐渐变褐枯死；嫩枝上的病斑为溃疡斑。病菌借风、雨传播；苗木或幼林密度大时，易发生病害。不同杨树品种抗性差异较大，北京杨、毛白杨等受害较重。

危害：北京杨、小叶杨、毛白杨、加杨、杉木、泡桐、银杏、板栗、木兰、木槿、苹果和梨等。

防治方法：

（1）选用抗性树种和 I-214 杨、I-72 杨等品种绿化造林。

（2）越冬病菌活动初期，使用 70% 代森锰锌、1∶0.4∶100 波尔多液等药剂喷雾防治。

（3）休眠期，剪除树冠下部病枝病叶，减少病源。

杨树黑斑病-杨树-为害状（王长民 2007 年 7 月 30 日拍摄）

195 冠瘿病（根癌病）

病原：*Agrobacterium tumefactions*（Smith & Townsend）Conn.

分布范围：河北省张家口市怀来县有危害。

症状：该病菌多从树木的裂口、伤口侵入，主要为害树木的根颈、侧根、主根以及枝干等部位；典型症状是在被害部位出现球形或扁球形瘤状物，初期个小、光滑、柔软，后期表皮粗糙，多开裂；瘤的差异较大，大小不一。染病树木发育受阻，生长缓慢，植株矮小，严重时叶片黄化、早衰；成年染病果树，果实少而小。樱花、84K 杨、毛白杨以及核果类果树发病率较高。碱性、黏性土壤，排水不良的地块发病重；湿度大的砂壤土发病重。病菌主要通过苗木、插条调运等远距离传播，通过雨水、农事活动、地下害虫、线虫等近距离传播。

冠瘿病（延庆区永宁镇-王长民 2017 年 4 月 16 日拍摄）

危害：樱花、桃、杨、柳等林木、果树和花卉植物。

防治方法：

（1）主要采用药剂喷雾、药液浸泡、灌根、土壤消毒，以及切除肿瘤后涂抹药剂等。病株周围的土壤可以用 0.1% 甲醛消毒，或用硫黄粉 50～100 g/m^2、漂白粉 100～150 g/m^2 及福尔马林 60 g/m^2 进行土壤消毒，也可用抗菌剂 402 的 2 000 倍液灌注消毒。另外，用硫黄粉或硫酸亚铁调节土壤 pH 值至 5.0 以下可有效预防冠瘿病的发生。

（2）严格检疫，防止冠瘿病随寄主植物传入和扩散蔓延；发现带病苗木立即清除，集中烧毁。

（3）采用高位嫁接法嫁接苗木；防止嫁接工具传播病菌。

（4）施用酸性肥料、有机肥料和复合肥改良碱性土壤。

（5）及时防治蛴螬、蝼蛄等地下害虫。

（6）利用抗根癌菌制剂 K84 蘸根预防。

196 杨树腐烂病

病原：金黄壳囊孢菌 *Cytospora chrysosperma*（Pers.）Fr.

分布范围：河北省张家口市赤城县。

症状：病菌具有潜伏侵染和弱寄生的特性；发病症状可分为干腐型和枯梢型两种；

当病斑包围枝干一周时，即可造成被害部位上部枯死。干腐型多发生于成年树木西南方向的主干、主枝及枝干分叉处；发病初期在发病部位出现暗褐色不规则形水肿状病斑，具有酒糟味，后期皮层腐烂，变软后失水下陷，有时有龟裂，病斑有明显的暗褐色边缘；病斑上常出现密集的黑色小颗粒状物，遇雨或湿度较高时，黑点顶端溢出乳白色浆状物，并逐渐变成橘黄色卷须状；病斑以春、秋两季扩展速度较快，纵向发展比横向发展快。枯梢型多发生于幼树或大树枝干上，发病症状不明显。3月中旬，平均气温达到5℃时开始发病，5—6月为发病高峰，7月后病势渐趋缓和，9月基本停止发展。

危害：杨、柳和榆等。

防治方法：

（1）加强栽培管理，增强树势，选用抗性品种绿化造林；初冬季节树干涂白，防止冻害和日灼发生。

（2）改善林分卫生状况，及时清除病株和病枝。

（3）使用10%蒽油乳剂、2%843康复剂、10%双效灵、10%碳酸钠等药剂涂干喷雾防治。

杨树腐烂病（延庆区下屯-王长民2014年6月15日拍摄）

杨树腐烂病（延庆区下花园-王长民2004年7月27日拍摄）

197 黄栌枯萎病

病原：大丽花轮枝孢菌 *Verticillium dahliae* Kleb

症状：黄栌枯萎病是一种系统侵染性病害，常造成黄栌大面积枯死；叶部有两种萎蔫类型，一种是绿色萎蔫型，主要表现为不失绿，不落叶；另一种是黄色萎蔫型，主要表现为叶脉绿色，叶片枯黄、脱落。5—6月为黄栌枯萎病的主要侵染时期，5月中旬便可发现叶部萎蔫症状；7—8月为发病盛期。病菌从寄主植物根部侵染进入植物体，沿维管组织扩散至植物各个部位，导致植物水分、矿物质等吸收、运输出现障碍，从而使寄主植物出现枯萎、衰弱，甚至死亡等症状。

危害：黄栌。

防治方法：

（1）严格检疫，防止带病苗木进入绿化造林地。

（2）营造混交林：改良土壤理化性状，适量施入磷肥和钾肥，避免过量使用氮肥。

（3）新植苗木，使用萎菌净、50%多菌灵等枝干喷雾防治；发病树木，使用萎菌净、50%多菌灵等灌根防治。

（4）及时剪除发病较轻的枝梢；注意使用萎菌净和50%多菌灵消毒剪锯口和修剪工具。

黄栌枯萎病（王长民拍摄）

黄栌黄萎病
（延庆区农场路-王长民2015年7月14日拍摄）

黄栌黄萎病
（延庆区农场路-王长民拍摄）

黄栌黄萎病（延庆区农场路-王长民2015年7月14日拍摄）

198 国槐烂皮病

病原： 三隔镰孢菌 *Fusarium tricinctum cinatum*（Corda）Sacc 和聚生小穴壳菌 *Dothiorella gregaria* Sacc

症状： 该病症状有两种。一是镰刀菌型烂皮病，多为害2~4年生绿色主干和绿色小枝；病斑多发生在剪口或坏死皮孔处，病斑初期呈浅黄褐色，近圆形，后扩展为梭形或环茎一周，长1~5 cm，呈黄褐色湿腐状，稍凹陷，有酒糟味；后期病斑上长出红色分生孢子角。二是小穴壳菌型烂皮病，初期症状与前一种相似，但病斑颜色稍浅，且有紫褐色边缘，长20 cm以上，并可环割树干，后期病斑内长出许多小黑点，即病菌的分生孢子器。镰刀菌型烂皮病发生期比小穴壳菌型早。3月上旬开始发生，3月中下旬至4月下旬为发病盛期，5—6月长出红色分生孢子角。该病菌具潜伏侵染特性，天气干旱，土壤缺水，树皮内含水量急剧下降时发病较重；地势低洼积水处发生严重。病菌从剪口、断枝、死芽、叶蝉产卵痕及坏死皮孔等处侵入，剪口过多、树势衰弱是发病的主要条件。

危害： 国槐和龙爪槐等。

防治方法：

（1）大苗移栽时避免伤根或剪枝过重，增强树势，提高抗病力；9月以后注意控水控氮。

（2）春秋两季，枝干及剪口处喷涂波尔多液，防止病菌侵染。

（3）及时剪除病枯枝，减少病菌再侵染。

（4）发病严重时，使用40%多菌灵等喷雾防治。

（5）及时防治叶蝉，减少病菌侵染概率。

199 枣疯病

病原： 枣疯病植原体 Jujube witches' broom MLO

分布范围： 河北省张家口市怀来县土木镇、狼山乡、北辛堡镇、东花园镇、瑞云观乡、小南辛堡镇、官厅镇、桑园镇、孙庄子乡、沙城镇、存瑞镇、王家楼乡、东八里乡、大黄庄镇、新保安镇、西八里镇、鸡鸣驿乡有危害。

症状： 枣树感病后节间短，叶片变小，枝叶丛黄化，冬季不脱落；花梗明显延长，萼片、花瓣变为小叶；果实畸形，果肉疏松，失去食用价值。通常由一个或几个枝先发病，进而扩展到全树，其蔓延速度因品种和管理条件而异；病树重者2~3年、轻者5~6年即可死亡。病菌主要通过嫁接和凹缘菱纹叶蝉、中华拟菱纹叶蝉等刺吸类昆虫传播。土地贫瘠、肥水条件差、管理粗放、杂草丛生、树龄小、树势较弱的枣园发病严重。

危害： 枣、酸枣。

防治方法：

（1）严格检疫，防止带病苗木传入和扩散蔓延。

（2）清除发病较重的枣树，剪除发病较重的枝条。

（3）使用"祛疯1号""祛疯2号"等药剂树干输液治疗防治。

（4）选用抗性品种对发病树进行多头高接。

（5）及时防治传媒昆虫，切断传播链。

（6）合理修剪，适量负载，增强树势，及时清除园内杂草及周边感病酸枣树。

枣疯病

（延庆区程家窑-高立丽2024年8月17日拍摄）

枣疯病

（延庆区程家窑-高立丽2024年8月17日拍摄）

200 落叶松早期落叶病

病原： 日本落叶松球腔菌 *Mycosphaerella larici-leptolepis* Ito et al.

分布范围： 东北、甘肃、河北及山东、山西、内蒙古等省区均有发生。

症状： 感病植株先从树冠下部开始发生，逐渐向上蔓延，距离地面越近的枝叶发病越重。发病初期在叶尖端或中部出现两三个黄色小斑点，逐渐扩展为红褐色斑，后期在病斑上生黑色小点，即病菌的性孢子器。严重时全针叶变红褐色，整个树冠像火烧一样。到8月下旬大量落叶，大约比正常树木落叶时间提前40天左右。若连续几年发病，将严重影响树木生长，使植株生长衰弱导致最后枯死。落地的病叶当年会产生比性孢子器稍大的小黑点，即病菌的子囊腔。

危害： 落叶松。

落叶松落叶病（延庆区海子口-王长民2021年8月16日拍摄）

第六章 有害植物

201 刺果瓜 *Sicyos angulatus* (Linnaeus)

葫芦科 刺果瓜属

分布范围： 辽宁、北京、台湾、四川、云南、山东。

危害： 玉米、大豆、果树及其他农作物，在田间与作物竞争水分、光照、矿质营养及生存空间。

物种危害： 刺果瓜可攀附到高 20 m 以上的邻近树木上，造成覆盖植物死亡；可借助邻近树木向外扩展达 25 m，使其他植物因缺光或受压死亡，并形成单一群落。另外，刺果瓜还能通过分泌化感物质抑制"土著"植物的生长，从而形成单优群落，影响当地植物的多样性和生态平衡。

刺果瓜攀爬能力强，生长扩展速度快，种子量大、繁殖力极强，全体被白色糙硬毛和短刚毛。刺果瓜茎长一般 5 m 左右，长者可达 10 m 以上。茎上有槽棱，密被长柔毛。茎节上生卷须，卷须密被白色长柔毛。卷须通常 35 裂。叶片形状似黄瓜叶，长和宽近等长，通常 35 裂；叶片两面微粗糙，被短柔毛，叶缘具尖细的短齿。

花为单性花，雌雄同株，花冠为黄绿色，花冠 5 裂。雄花花序梗较长，排成总状花序或头状聚伞花序，花冠上有绿色脉纹；雌花聚成头状花序，花序梗较短，花冠也是 5 裂，具绿色脉纹，柱头 3 裂。

果实为浆果，一般是多枚果实聚成球状，成熟时干燥不开裂；瓜的形状像南瓜籽，略扁，有瘤状突起，且布满长刺；每一个小果里面都有一粒种子，种子呈椭圆形或近圆形，比较扁平。

防治方法：

（1）春季拔苗，在 4 月中旬至 5 月中旬刺果瓜的幼苗萌发期，采取人工分批拔除，可从根本上杜绝其传播。

（2）夏季剪秧，在刺果瓜的生长旺期，可采取剪秧的办法阻止根部营养供应，从而控制其生长。

（3）秋季烧果，在刺果瓜果实成熟之前，可将果实收集起来，用火烧处理，控制其繁殖和传播。

刺果瓜（延庆区黄柏寺-王长民 2016 年 9 月 17 日拍摄）

刺果瓜（延庆区三里河湿地公园-王长月 2023 年 9 月 20 日拍摄）

202 菟丝子 *Cuscuta chinensis* Lam.

茄目 旋花科 菟丝子属

分布范围： 全国大部分地区。

形态特征： 一年生寄生草本。茎缠绕，黄色，纤细，直径约 1 mm，无叶；花序侧生，少花或多花簇生成小伞形或小团伞花序，近于无总花序梗；苞片及小苞片小，鳞片状；花梗稍粗壮，长仅 1 mm；花萼杯状，中部以下连合，裂片三角状，长约 1.5 mm，顶端钝；花冠白色，壶形，长约 3 mm，裂片三角状卵形，顶端锐尖或钝，向外反折，宿存；雄蕊着生花冠裂片弯缺微下处；鳞片长圆形，边缘长流苏状；子房近球形，花柱 2 枚，等长或不等长，柱头球形。蒴果球形，直径约 3 mm，几乎全为宿存的花冠所包围，成熟时整齐的周裂。种子 2~49 枚，淡褐色，卵形，长约 1 mm，表面粗糙。

危害：菟丝子的寄生范围较广，可寄生于豆科、茄科、蔷薇科、无患子科等许多科的木本和草本植物。

防治方法：

（1）加强栽培管理。结合苗圃和花圃管理，于菟丝子种子未萌发前进行中耕深埋，使之不能发芽出土（一般埋于 3 cm 以下便难于出土）。

（2）人工铲除。春末夏初检查苗圃和花圃，一经发现立即铲除，或连同寄生受害部分一起剪除，由于其断茎有发育成新株的能力，故剪除必须彻底，剪下的茎段不可随意丢弃，应晒干并烧毁，以免再传播。在菟丝子发生普遍的地方，应在种子未成熟前彻底拔除，以免成熟种子落地，增加翌年侵染源。

（3）喷药防治。在菟丝子生长的 5—10 月，于树冠喷施 6% 的草甘膦水剂 200~250 倍液（5—8 月用 200 倍液，9—10 月气温较低时用 250 倍液），施药宜掌握在菟丝子开花结籽前进行。也可用敌草腈 0.25 kg/亩，或鲁保 1 号 1.5~2.5 kg/亩，或 3% 五氯酚钠，或 3% 二硝基酚防治。最好喷 2 次，隔 10 天喷 1 次。

菟丝子（延庆区康庄-王长民 2010 年 8 月 13 日拍摄）

203 曼陀罗 *Datura stramonium* (Linnaeus)

茄目 茄科 曼陀罗属

分布范围：中国各省区市均有分布。河北省张家口市怀来县有危害。

形态特征：曼陀罗为草本或半灌木状，高 0.5~1.5 m，全体近于平滑或在幼嫩部分被短柔毛。茎粗壮，圆柱状，淡绿色或带紫色，下部木质化。曼陀罗叶为广卵形，顶端渐尖,基部不对称楔形,边缘有不规则波状浅裂,裂片顶端急尖,有时亦有波状牙齿,侧脉每边3~5条,直达裂片顶端,长8~17 cm,宽4~12 cm;叶柄长3~5 cm。曼陀罗花单生于枝杈间或叶腋,直立,有短梗;花萼筒状,长4~5 cm,筒部有5棱角,两棱间稍向内陷,基部稍膨大,顶端紧围花冠筒,5浅裂,裂片三角形,花后自近基部断裂,宿存部分随果实而增大并向外反折;花冠漏斗状,下半部带绿色,上部白色或淡紫色,檐部5浅裂,裂片有短尖头,长6~10 cm,檐部直径3~5 cm;雄蕊不伸出花冠,花丝长约3 cm,花药长约4 mm;子房密生柔针毛,花柱长约6 cm。蒴果直立生,卵状,长3~4.5 cm,直径2~4 cm,表面生有坚硬针刺或有时无刺而近平滑,成熟后淡黄色,规则4瓣裂。曼陀罗种子为卵圆形,稍扁,长约4 mm,黑色。花期6—10月,果期7—11月。

防治方法:曼陀罗全草有毒,果实特别是种子毒性最大,嫩叶次之,干叶的毒性比鲜叶小。曼陀罗中毒,一般在食后半小时,最快20分钟出现症状,最迟不超过3小时,症状多在24小时内消失或基本消失,严重者在24小时后昏睡、痉挛、发绀,最后昏迷死亡。曼陀罗中毒后,应立刻用0.1%的高锰酸钾溶液或1%~6%的鞣酸洗胃,然后内服氧化镁、木炭末或通用解毒剂(活性炭2份、氧化镁1份、鞣酸1份),也可用盐类泻剂灌服,同时静脉注射葡萄糖溶液,以促进毒物的排出。

曼陀罗(延庆区大浮坨-王长民2004年7月15日拍摄)

204 槲寄生 Viscum coloratum (Kom.)

檀香目 檀香科 槲寄生属

分布范围:全国除新疆、西藏、云南、广东的大部分地区。

形态特征： 灌木，高0.3～0.8 m；茎、枝均圆柱状，二歧或三歧、稀多歧地分枝，节稍膨大，小枝的节间长5～10 cm，粗3～5 mm，干后具不规则皱纹。叶对生，稀3枚轮生，厚革质或革质，长椭圆形至椭圆状披针形，长3～7 cm，宽0.7～1.5（～2）cm，顶端圆形或圆钝，基部渐狭；基出脉3～5条；叶柄短。雌雄异株；花序顶生或腋生于茎叉状分枝处；雄花序聚伞状，总花梗几无或长达5 mm，总苞舟形，长5～7 mm，通常具花3朵，中央的花具2枚苞片或无；雄花花蕾卵球形，长3～4 mm，萼片4枚，卵形；花药椭圆形，长2.5～3 mm。雌花序聚伞式穗状，总花梗长2～3 mm或几无，具花3～5朵，顶生的花具2枚苞片或无，交叉对生的花各具1枚苞片；苞片阔三角形，长约1.5 mm，初具细缘毛，稍后变全缘；雌花花蕾长卵球形，长约2 mm；花托卵球形，萼片4枚，三角形，长约1 mm；柱头乳头状。果球形，直径6～8 mm，具宿存花柱，成熟时淡黄色或橙红色，果皮平滑。花期4—5月，果期9—11月。

槲寄生（延庆区红果寺-王长民2004年8月30日拍摄）

槲寄生（延庆区红果寺-王长民2004年9月22日拍摄）

第七章　延怀赤地区有害生物主要的监测设备

延庆区与赤城县、怀来县地区相连，林地相邻，森林种类相近，林业有害生物发生的种类也相似。加强林业有害生物联合监测工作势在必行。

一、延怀赤林业有害生物发生特点

1. 延怀赤地区林业有害生物发生种类相似性高

由于地区相邻，地形相似，气候相似，树种相似，延怀赤地区林业有害生物的发生种类相似性高。如舞毒蛾、青杨天牛、落叶松毛虫等在三区县都有发生。又如榆近脉三节叶蜂在延庆区的松山发生为害后，2 年后在赤城县大海陀林场连续发生为害；延庆区的张山营镇发生柳毒蛾为害后，第二年怀来县北辛堡乡也发现柳毒蛾的为害。

2. 延怀赤地区林业有害生物种类也存在许多不同

延庆区目前发现的延庆腮扁叶蜂、黑胫腮扁叶蜂、落叶松腮扁叶蜂只在延庆区发生为害，其他区县未发现为害。赤城县发生的落叶松鞘蛾在其他区县也未发生。

二、延怀赤地区有害生物主要监测点

延怀赤地区共建立联合监测点 16 个，分布于相邻乡镇。

（1）东花园监测点：位于怀来县东花园镇，由延庆区与怀来县联合建立。有虫情测报灯 1 台，美国白蛾诱捕器 5 套。主要监测美国白蛾，兼职监测葡萄病虫害。

（2）沙城监测点：位于怀来县沙城镇，由怀来县建立。有物联网测报灯 1 台。对赤城县、延庆区实时共享测报灯监测数据。

（3）刺儿山监测点：位于怀来县王家楼乡，由怀来县建立。有物联网测报灯 1 台。对赤城县、延庆区实时共享测报灯监测数据。

（4）华侨农场监测点：位于怀来县小南辛堡乡，由怀来县建立。有物联网测报灯 1 台。对赤城县、延庆区实时共享测报灯监测数据。

（5）拦河坝监测点：位于怀来县官厅镇，由怀来县建立。有物联网测报灯 1 台。对赤城县、延庆区实时共享测报灯监测数据。

（6）坊口村监测点：位于怀来县瑞云观乡，由怀来县建立。有物联网测报灯 1 台。

对赤城县、延庆区实时共享测报灯监测数据。

（7）杏林堡监测点：位于怀来县王家楼乡，由怀来县建立。有物联网测报灯1台。对赤城县、延庆区实时共享测报灯监测数据。

（8）狼山监测点：位于怀来县狼山乡，由怀来县建立。有物联网测报灯1台。对赤城县、延庆区实时共享测报灯监测数据。

（9）水峪口监测点：位于怀来县官厅镇，由怀来县建立。有物联网测报灯1台。对赤城县、延庆区实时共享测报灯监测数据。

（10）晏家庄监测点：位于怀来县王家楼乡，由怀来县建立。有物联网测报灯1台。对赤城县、延庆区实时共享测报灯监测数据。

（11）黄龙山庄监测点：位于怀来县新保安镇，由怀来县建立。有物联网测报灯1台。对赤城县、延庆区实时共享测报灯监测数据。

（12）闫家坪监测点：位于怀来县大海陀乡，由延庆区与赤城县联合建立。有虫情测报灯1台，松墨天牛诱捕器5套。主要监测松墨天牛，兼职监测桦树虫害。

（13）大海陀林场监测点：位于赤城县大海陀乡，由赤城县建立。有物联网测报灯1台。对怀来县、延庆区实时共享测报灯监测数据。

（14）剪子岭林场监测点：位于赤城县赤城镇，由赤城县建立。有物联网测报灯1台。对怀来县、延庆区实时共享测报灯监测数据。

（15）黑龙山林场监测点：位于赤城县三道川乡，由赤城县建立。有物联网测报灯1台。对怀来县、延庆区实时共享测报灯监测数据。

（16）玉皇庙监测点：位于延庆区张山营镇，由延庆区建立。有物联网测报灯1台。对怀来县、赤城县实时共享测报灯监测数据。

第八章　延怀赤林业有害生物发生情况

北京市延庆区、张家口市怀来县、张家口市赤城县（以下简称延怀赤）山水相依，地理相连，人员相亲。三区县地处燕山—太行山山系北侧，总面积 0.9 万 km^2，总人口约 89 万人。延怀赤三区县境内地貌多样，涵盖了高山、丘陵、盆地、湖泊以及河谷等地形，海拔从 394 m 上升到 2 292 m。延怀赤三区县四季分明，春多风少雨，夏雨集中湿润，秋高气爽，冬寒漫长且干燥。由于地处北京西北部的上风上水，因此是北京重要的饮用水源地之一，更是首都西北的一道生态屏障。延怀赤三区县森林、草地、湿地资源非常丰富，其中森林面积达 726.39 万亩。

延怀赤地区主要林业有害生物的种类有 200 多种，造成为害的有 30 种，其中食叶害虫占绝大多数。2023 年延怀赤地区林业有害生物发生面积为 20.60 万亩。

一、食叶类害虫发生情况

2023 年延怀赤地区食叶害虫发生面积 14.59 万亩。其中杨树食叶害虫发生面积 3.04 万亩，松树食叶害虫发生面积 4.43 万亩，其他食叶害虫发生面积 7.12 万亩。

（一）杨树食叶害虫

发生面积 3.04 万亩，主要包括杨潜叶跳象、梨卷叶象、春尺蠖、白杨叶甲等。

杨潜叶跳象：发生面积 0.04 万亩，发生在延庆区延庆镇、张山营等乡镇。

梨卷叶象：发生面积 0.05 万亩，发生在井庄、张山营等乡镇。

春尺蠖：发生面积 0.13 万亩，其中在延庆区张山营镇、康庄、延庆镇发生 0.1 万亩，怀来县桑园镇发生 0.03 万亩。

柳毒蛾：发生面积 0.79 万亩。在延庆区张山营镇发生 0.04 万亩；在怀来县沙城、小南辛堡、东花园、土木等乡镇发生 0.75 万亩。

白杨叶甲：发生面积 2.03 万亩。在赤城县的赤城、后城、雕鹗、大海陀、样田、龙门所、东卯、茨营子、东万口等乡镇发生 2 万亩；在怀来县沙城、小南辛堡等乡镇发生 0.03 万亩。

（二）松树食叶害虫

主要为延庆腮扁叶蜂、黑胫腮扁叶蜂、落叶松腮扁叶蜂和油松毛虫等。松树树食叶害虫发生面积 4.43 万亩。

延庆腮扁叶蜂：发生面积 1.3 万亩，主要发生在延庆区刘斌堡、旧县、香营等乡镇。

黑胫腮扁叶蜂：发生面积 0.3 万亩，主要发生在延庆区香营、千家店等乡镇。

油松毛虫：发生面积 1.21 万亩，在赤城县剪子岭林场及赤城镇、马营、独石口、云州等林区发生 1.2 万亩；在延庆区大庄科乡发生 0.01 万亩。

落叶松腮扁叶蜂：发生面积 0.02 万亩，发生地点为延庆区香营乡。

落叶松尺蠖：发生面积 0.3 万亩，主要发生在赤城县云州、龙关等乡镇。

落叶松鞘蛾：发生面积 1.3 万亩，主要分布在赤城县独石口、剪子岭林场等地区。

（三）其他食叶害虫

2023 年其他食叶害虫发生面积 7.12 万亩，主要种类有黄褐天幕毛虫、黄连木尺蛾、绢粉蝶等。

黄连木尺蛾：发生面积 0.02 万亩，主要发生在延庆区千家店镇。

栎纷舟蛾：发生面积 0.02 万亩，发生在延庆区四海镇、珍珠泉乡。

栎掌舟蛾：发生面积 0.01 万亩，发生在延庆区千家店镇。

黄栌胫跳甲：发生面积 0.01 万亩，发生在延庆区县城公园。

国槐尺蠖：发生面积 0.05 万亩，主要发生在永宁镇、张山营镇等。

舞毒蛾：发生面积 2.55 万亩，在赤城县马营、独石口、云州、镇宁堡、雕鹗、大海陀、龙关、炮梁、赤城等乡镇林区发生 2.5 万亩；在怀来县沙城、狼山等乡镇发生 0.05 万亩。

黄褐天幕毛虫：发生面积 2.87 万亩，在赤城县马营、镇宁堡、龙门所、雕鹗、大海陀、田家窑、龙关、赤城等乡镇林区发生 2.5 万亩；在怀来县官厅、孙庄子等乡镇发生 0.37 万亩。

绢粉蝶：发生 2 万亩，主要分布在赤城县镇宁堡、雕鹗、马营、独石口、大海陀、龙关等地区。

二、蛀干枝梢害虫发生情况

蛀干枝梢害虫主要包括纵坑切梢小蠹、松梢螟等，枝梢害虫发生面积为 1.78 万亩，其中多毛切梢小蠹发生 0.6 万亩，松梢螟发生 0.3 万亩。

纵坑切梢小蠹：发生面积 0.6 万亩，主要发生在延庆区四海镇、永宁镇、珍珠泉乡、刘斌堡乡。

松梢螟：发生面积 0.3 万亩，主要发生在延庆区刘斌堡乡。

双条杉天牛：发生面积 0.05 万亩，主要发生在延庆区八达岭镇。

青杨天牛：发生面积 0.5 万亩，主要发生在赤城县雕鹗、样田、炮梁、赤城等乡镇。

光肩星天牛：发生面积 0.05 万亩，主要发生在怀来县存瑞、王家楼等乡镇。

桃仁蜂：发生面积 0.28 万亩，主要发生在怀来县瑞云观、官厅、王家楼等乡镇。

三、病害发生情况

病害主要包括杨树炭疽病、杨树腐烂病、杏疗病等，发生面积 1.63 万亩。

杨树炭疽病：发生面积 0.06 万亩，发生在延庆区延庆镇、张山营镇。

杨树锈病：发生面积 1.1 万亩，发生在赤城县马营、独石口、茨营子、雕鹗、东卯、龙门所等乡镇。

杨树腐烂病：发生面积 0.1 万亩，分布在赤城县马营、独石口、茨营子、雕鹗、东卯、龙门所、后城、炮梁等乡镇。

杏疗病：发生面积 0.37 万亩，分布在怀来县孙庄子、王家楼等乡镇。

四、鼠害发生情况

鼠兔害发生 2.6 万亩，主要发生在赤城县马营、独石口、云州、镇宁堡、雕鹗、龙门所、大海陀、赤城等乡镇。

参考文献

蔡岩萍，2015. 冠瘿病在宁夏地区发生与防治 [J]. 宁夏农林科技，56（6）：24-25.

蔡兆炜，邳学杰，郭韦韦，2016. 国槐烂皮病的病原菌鉴定及其防治措施 [J]. 天津农林科技（5）：10-12，15.

曹江峰，林常松，吴凤义，等，2011. 榆近脉三节叶蜂生物学研究与防治试验初报 [J]. 中国森林病虫，30（6）：18-20.

常茹，程雪峰，和晓科，等，2017. 杨树炭疽病和煤污病的发生与防治 [J]. 现代农村科技（5）：35.

崔永，王维升，屈年华，2010. 危害刺槐林的家茸天牛生物学特性观察及防治 [J]. 吉林农业（12）：119.

崔志军，欧阿力别克·巴依朱马，夏力哈尔·努尔旦别克，2023. 白蜡窄吉丁综合防治技术 [J]. 农村科技（6）：38-40.

党英杰，2008. 柳厚壁叶蜂的综合防治 [J]. 河北农业科技（15）：23.

党志红，安静杰，刘浩升，等，2021. 苜蓿盲蝽绿色防控技术应用效果 [J]. 中国植保导刊，41（11）：39-41.

邱济民，任国栋，2021. 河北昆虫生态图鉴（上卷）[M]. 北京：科学出版社.

邱济民，任国栋，2021. 河北昆虫生态图鉴（下卷）[M]. 北京：科学出版社.

丁昌萍，张雅林，2016. 4种蝴蝶雄性生殖系统形态学研究 [J]. 西北农林科技大学学报（自然科学版），44（11）：178-186

杜德意，刘畅，金继良，等，2021. 薄壳山核桃芳香木蠹蛾生物学特性及防治对策 [J]. 绿色科技，23（3）：74-75.

樊会文，2001. 苹桧锈病的危害及防治 [J]. 中国森林病虫（S1）：33.

高士武，2012. 北京平原地区林业有害生物 [M]. 哈尔滨：东北林业大学出版社.

高有贵，马焕焕，2024. 枣树枣疯病防治措施 [J]. 河北农机（9）：70-72.

桂炳中，赵丽丽，2018. 洋白蜡卷叶棉蚜防治 [J]. 中国花卉园艺（8）：52.

郭连茹，2021. 白蜡绵粉蚧综合防治技术 [J]. 现代农村科技（7）：31-32.

韩福生，徐廷英，吴继琴，2004. 桦天幕毛虫的防治 [J]. 河北林业（4）：32.

胡金玉，2003. 花椒凤蝶的生物学特性与防治方法研究 [J]. 甘肃农业科技（4）：50.

姜磊，刘娜，姚国胜，等，2020. 榛黄达瘿蚊的发生规律及防治方法 [J]. 现代农村科技（6）：36.

金志芳，刘凤林，丽梅，等，2017. 乌兰察布市后山地区芳香木蠹蛾东方亚种防治技术 [J]. 内蒙古林业（8）：12-13.

赖淑丽，赖淑艳，2020. 杨雪毒蛾的生物学习性及其近缘种的中—拉名称订正与鉴别 [J]. 现代农业科技（20）：106-107.

李锋，刘亚佳，刘晓丽，等，2024. 枸杞负泥虫幼虫龄数、蜕皮过程及其蜕皮壳观察 [J]. 西北园艺（果树）（2）：74-77.

李桂秀，林开金，1992. 北京枝瘿象虫研究初报 [J]. 四川农业大学学报（2）：361-368.

李杰，2016. 北京市怀柔区杨潜叶跳象防治技术研究与应用 [J]. 河南农业（8）：50-51，57.

李艳山，凌继华，张国强，等，2009. 落叶松腮扁叶蜂发生特点及其防治技术 [J]. 安徽农学通报（下半月刊），15（12）：150-151.

李永刚，武星煜，2020. 天水市榆红胸三节叶蜂生物学特性及天敌 [J]. 甘肃林业科技，45（04）：39-42.

林健，孙超，2024. 枣疯病的发生规律及防治 [J]. 烟台果树（1）：47-48.

刘少丹，张孔英，霍璇璇，2024. 菟丝子寄生牡丹的危害与防治 [J]. 中国花卉园艺（4）：52-54.

刘文强，覃建国，2017. 柳厚壁叶蜂发生规律及防治措施 [J]. 农村科技（4）：26-27.

刘文汝，冀胜鑫，甄志先，2022. 感染国槐带化病植株内源激素及转录组分析 [J]. 林业科学研究，35（1）：141-149.

吕永财，陈国发，张旭东，等，2021. 褐梗天牛在中国的发生与危害现状及其治理对策 [J]. 山东林业科技，51（1）：96-100.

马彦梅，2016. 落叶松腮扁叶蜂发生特点及其防治技术 [J]. 农技服务，33（12）：106.

牛静，2012. 柳厚壁叶蜂的发生及防治 [J]. 现代农村科技（11）：26.

潘彦平，闫国增，王金利，等，2007. 漆黑污灯蛾生物学特性研究初报 [J]. 中国森林病虫（6）：5-6.

钱学聪，魏焕志，1994. 中国蛇眼蝶属一新亚种记述（鳞翅目：眼蝶科）[J]. 昆虫分类学报（1）：60-62.

史红强，王小姣，2010. 十四点负泥虫生物学特性及防治研究现状 [J]. 吉林农业（5）：35，104.

宋开艳，2023. 喀什地区枣树黄刺蛾的危害规律及防治措施 [J]. 新疆林业（1）：42-43.

孙丽，2023. 食叶害虫落叶松尺蛾的发生及防治 [J]. 现代农村科技（11）：38.

孙茹，2022. 三峡坝区黄杨绢野螟发生规律及防治方法 [J]. 现代园艺，45（19）：98-100.

孙淑萍，盛茂领，2006. 寄生刺槐绿虎天牛的姬蜂并记述一新种（膜翅目，姬蜂科）[J]. 动物分类学报（3）：634-636.

覃建国，牛玉玲，马其，2023. 光肩星天牛发生规律及综合防治措施 [J]. 农村科技（6）：35-37.

陶万强，关玲，2017. 北京林业有害生物 [M]. 哈尔滨：东北林业大学出版社.

汪跃，金开璇，1992. 国槐带化病中发现类菌原体（MLO）[J]. 林业科学研究（1）：109-110.

王爱平，2018. 秋四脉绵蚜的生物学特征研究 [J]. 现代农业科技（13）：99-100.

王合，虞国跃，陶万强，等，2013. 落叶松腮扁叶蜂 Cephalcia lariciphila（Wachtl）形态特征及防治对策 [J]. 应用昆虫学报，50（5）：1260-1264.

王荣，安冬梅，刘玉娟，等，2023. 植物根癌病发病规律及防治技术研究进展 [J]. 宁夏农林科技，64（1）：24-29.

王世飞，宗世祥，张金桐，等，2012. 栎黄枯叶蛾生物学特性研究 [J]. 山西农业大学学报（自然科学版），32（3）：235-239.

王永军，王善民，2015. 花椒凤蝶不同处理防治效果试验 [J]. 现代农村科技（21）：54-55.

王月军，2023. 草履蚧防治技术 [J]. 农业科技与信息（1）：136-139.

王长民，陆克安，王长月，等，2022. 延庆腮扁叶蜂生物学特性 [J]. 林业科技通讯（8）：67-70.

武星煜，杨亚丽，韩绍芝，2010. 甘肃叶蜂种类调查及分类研究Ⅶ. 叶蜂科潜叶蜂亚科、粘叶蜂亚科、凹颜叶蜂亚科及平背叶蜂亚科属种名录 [J]. 甘肃林业科技，35（2）：9-15.

谢娜，赵永军，郭涛，等，2020. 泰安地区杨潜叶跳象生物学特性及化学防治 [J]. 中国森林病虫，39（5）：9-13.

徐公天，杨志华，2007. 中国园林害虫 [M]. 北京：中国林业出版社.

徐勇，惠巧红，2017. 杏树杏疔病和细菌性穿孔病的发生与防治 [J]. 现代农村科技（2）：36.

许春桥，郭洪剑，2020. 毛白杨锈病的发生与防治 [J]. 现代农村科技（5）：24.

杨泽鹏，宋振浩，崔洁，等，2023. 杨毒蛾在西藏林芝的生物学特性 [J]. 四川林业科技，44（5）：69-76.

虞国跃，王合，张正好，等，2016. 油松新害虫——黑胫腮扁叶蜂的初步观察 [J]. 植物保护，42（2）：247-250.

虞国跃，王合，朱晓清，等，2014. 北京发现悬铃木方翅网蝽为害 [J]. 植物保护，40（5）：200-202.

虞国跃，王合，2021. 北京林业昆虫图谱（Ⅰ卷）[M]. 北京：科学出版社.

虞国跃，王合，2021. 北京林业昆虫图谱（Ⅱ卷）[M]. 北京：科学出版社.

虞国跃，王合，2021. 北京林业昆虫图谱（Ⅲ卷）[M]. 北京：科学出版社.

虞国跃，2020. 北京甲虫生态图谱 [M]. 北京：科学出版社.

虞国跃，2018. 十四点负泥虫 Crioceris quatuordecimpunctata（Scopoli，1763）[J]. 植物保护，44（1）：44.

袁中伟，2020. 落叶松尺蛾生物学特性与防治方法 [J]. 乡村科技，11（25）：72-73.

张华普，张怡，郭永忠，2021. 杏疔病危害特点和防治措施 [J]. 宁夏农林科技，62（7）：30-31.

张会茹，2009. 草坪锈病的发生与防治 [J]. 现代农村科技（2）：32-33.

张君明，王合，赵连祥，等，2007. 茶翅蝽在生态苹果园的危害和防治策略 [J]. 昆虫知识（6）：898-901.

张收霞，杨超，陈伟，等，2020. 楸树无性系对楸蠹野螟抗性的研究及评价 [J]. 西北林学院学报，35（3）：133-140.

赵峰庚，图强，杨治军，2012. 核桃树芳香木蠹蛾的发生与防治 [J]. 西北园艺（果树）（6）：27.

赵凤菊，秦永辉，郝东田，2023. 外来入侵植物刺果瓜自然生长周期的调查研究 [J]. 农业科技与装备（4）：28-29.

赵亚楠，贺海明，王新谱，2012. 宁夏芫菁种类记述（鞘翅目，芫菁科）[J]. 农业科学研究，33（2）：35-39.

中文索引

B

八字地老虎　74
白斑木蠹蛾　60
白钩蛱蝶　176
白蜡哈氏茎蜂　33
白蜡绵粉蚧　28
白蜡窄吉丁　34
白皮松长足大蚜　18
白杨透翅蛾　64
柏长足大蚜（柏大蚜）　20
斑须蝽　1
斑衣蜡蝉　13
薄翅锯天牛（中华薄翅天牛）　36
北京朴盾木虱　15
北京异盲蝽　7
北京枝瘿象　53
扁刺蛾　119

C

草地螟　114
草履蚧　29
茶翅蝽　2
赤条蝽　3
臭椿沟眶象　51
樗蚕蛾　167
春尺蠖　130
刺果瓜　193
刺槐绿虎天牛（槐绿虎天牛）　37
刺槐眉尺蛾　123
刺槐叶瘿蚊　87
刺槐掌舟蛾　142
粗绿丽金龟（粗绿彩丽金龟）　67

D

大红蛱蝶　178
大青叶蝉　11
大造桥虫　132
单齿翅蚕蛾（黄波花蚕蛾）　169
淡色钩粉蝶　173
盗毒蛾　149

F

芳香木蠹蛾东方亚种　61

G

橄榄绿叶蜂　81
沟眶象　50
枸杞负泥虫　103
古毒蛾　151
冠瘿病（根癌病）　187
光肩星天牛　38
国槐烂皮病　190

H

褐边绿刺蛾　118
褐梗天牛　39
黑跗曲波萤叶甲　102
黑角伞花天牛　40
黑胫腮扁叶蜂　83
黑绒金龟（东方绢金龟）　73
黑蕊舟蛾（黑蕊尾舟蛾）　138
红腹毛蚊　75
红脊长蝽（黑斑红长蝽）　6
红云翅斑螟　116
红脂大小蠹　59
红足真蝽　4
红足壮异蝽　5

槲寄生 196
花椒凤蝶（柑橘凤蝶、橘黄凤蝶） 175
华北大黑鳃金龟 72
华北蝼蛄 67
桦尺蛾 125
桦天幕毛虫（桦幕枯叶蛾、绵山天幕毛虫） 159
槐尺蠖 128
槐豆木虱 16
槐黑星瘤虎天牛 41
槐蚜 24
槐羽舟蛾 143
黄刺蛾 116
黄钩蛱蝶 177
黄褐箩纹蛾 157
黄褐天幕毛虫 158
黄连木尺蛾 126
黄栌白粉病 183
黄栌胫跳甲（黄栌直缘跳甲、黄点直缘跳甲） 97
黄栌枯萎病 189
黄栌丽木虱 16
黄杨绢野螟 115
灰胸突鳃金龟 72

J

家茸天牛 41
角斑台毒蛾 152
洁长棒长蠹 57
金绿宽盾蝽 4
绢粉蝶 171

K

阔胫萤叶甲（薄翅萤叶甲） 101

L

蓝目天蛾 165
梨冠网蝽 9
梨卷叶象（梨金象） 107
梨娜刺蛾 120
梨星毛虫 112
栎纷舟蛾 137

栎空腔瘿蜂 31
栎长颈象 106
栎掌舟蛾 136
柳毒蛾（杨雪毒蛾） 145
柳沟胸跳甲 98
柳厚壁叶蜂 78
柳尖胸沫蝉 12
柳蓝叶甲（柳圆叶甲） 94
柳丽细蛾 111
柳瘤大蚜 22
柳蜷叶蜂 80
柳十八斑叶甲（柳十八星叶甲、柳九星叶甲） 95
落叶松尺蛾 133
落叶松毛虫 161
落叶松鞘蛾 170
落叶松球蚜 25
落叶松腮扁叶蜂 85
落叶松叶蜂 82
落叶松早期落叶病 192
绿尾大蚕蛾 168
绿芫菁 90

M

曼陀罗 195
毛白杨锈病 184
毛白杨皱叶瘿螨 30
美国白蛾 152
苜蓿多节天牛 42
苜蓿盲蝽 8

N

呢柳刺皮瘿螨 31
女贞尺蛾 131

P

苹桧锈病（梨桧锈病） 180
苹果枯叶蛾 164
苹毛丽金龟 69
苹掌舟蛾 141
葡萄十星叶甲（十星瓢萤叶甲） 96

葡萄透翅蛾　65

Q

漆黑污灯蛾　154
槭隐头叶甲　100
青辐射尺蛾　134
青杨天牛（青杨楔天牛）　43
秋四脉绵蚜　25
楸蠹野螟　63

R

日本双棘长蠹　56

S

三点苜蓿盲蝽　8
桑剑纹夜蛾　155
桑异脉木虱（桑木虱）　17
桑褶翅尺蛾　127
蛇眼蝶　171
十四点负泥虫　104
双条杉天牛　44
丝带凤蝶　173
丝棉木金星尺蛾　124
四点象天牛　45
松大蚜　21
松梢螟（微红梢斑螟）　62
松梢象（松黄星象）　55
松树皮象　55
松阴吉丁　35
松幽天牛　46

T

桃红颈天牛　47
桃剑纹夜蛾　155
铜绿异丽金龟　68
透翅疏广蜡蝉　14
菟丝子　194

W

舞毒蛾　144

X

小灰长角天牛　48

小青花金龟　71
杏疗病　185
锈色粒肩天牛　49
悬铃木方翅网蝽　10

Y

亚美尺蛾　134
延庆腮扁叶蜂　86
杨扁角叶蜂　81
杨柄叶瘿绵蚜　26
杨毒蛾（柳雪毒蛾）　147
杨二尾舟蛾（柳二尾舟蛾）　139
杨干象（杨干隐喙象）　52
杨枯叶蛾（杨褐枯叶蛾）　163
杨目天蛾　164
杨潜叶跳象　109
杨扇舟蛾　135
杨梢肖叶甲　98
杨树腐烂病　187
杨树黑斑病　186
杨树炭疽病（杨树黑叶病）　181
杨小舟蛾　136
杨叶甲　93
杨枝瘿绵蚜　27
洋白蜡卷叶棉蚜　22
油松毛虫　160
榆白边舟蛾　140
榆斑蛾　113
榆凤蛾　122
榆红胸三节叶蜂　76
榆黄叶甲（榆黄毛萤叶甲）　90
榆黄足毒蛾　148
榆剑纹夜蛾　156
榆近脉三节叶蜂　77
榆蓝叶甲（榆绿毛萤叶甲）　91
榆绿天蛾　166
榆锐卷象　105
榆跳象　108

榆掌舟蛾　140

榆紫叶甲　92

Z

枣疯病　191

柞栎象（栎实象）　109

折带黄毒蛾　150

榛黄达瘿蚊　88

中国绿刺蛾　119

中华弧丽金龟　70

中华萝藦叶甲　99

中华钳叶甲　101

紫穗槐豆象　110

纵带球须刺蛾　121

纵坑切梢小蠹　58

拉丁文索引

A

Abraxas suspecta Warren   124
Acanthocinus griseus (Fabricius)   48
Acanthoscelides pallidipennis (Motschulsky)   110
Acronicta hercules (Felder & Rogenhofer)   156
Acronicta intermedia (Warren)   155
Acronicta major (Bremer)   155
Actias selene ningpoana Felder   168
Aculops niphocladae Keifer   31
Adelges laricis Vallot   25
Adelphocoris fasciaticollis Reuter   8
Adelphocoris lineolatus (Goeze)   8
Agapanthia amurensis Kraatz   42
Agrilus planipennis Fairmaire   34
Amauronematus saliciphagus Wu
Ambrostoma quadriimpressum (Motschulsky)   92
Anomala corpulenta Motschulsky   68
Anomoneura mori Schwarz   17
Anoplophora glabripennis (Motschulsky)   38
Aphis sophoricola Zhang   24
Aphrophora costalis Matsumura   12
Apocheima cinerarius Erschoff   130
Aporia crataegi (Linnaeus)   171
Apriona swainsoni (Hope)   49
Aproceros leucopoda Takeuchi   77
Arge captiva (Smith)   76
Arhopalus rusticus (Linnaeus)   39
Aromia bungii Falderman   47
Ascotis selenaria (Denis et Schiffermüller)   132
Asemum striatum (Linnaeus)   46

B

Bibio rufiventris (Duda)   75
Biston betularia (Linnaeus)   125
Brahmaea certhia Fabricius   157
Byctiscus betulae (Linnaeus)   107

C

Callambulyx tatarinovi (Bremer et Grey)   166
Calophya rhois (Loew)   16
Caloptilia chrysolampra Meyrick   111
Catopta albonubilus Graeser   60
Celtisaspis beijingana Yang et Li   15
Cephalcia lariciphila (Wachtl)   85
Cephalcia nigrotibialis Wei   83
Cephalcia yanqingensis Xiao   86
Cerura menciana Moore   139
Chlorophorus diadema (Motschulsky)   37
Chrysochus chinensis Baly   99
Chrysomela populi (Linnaeus)   93
Chrysomela salicivorax (Fairmaire)   95
Cicadella viridis (Linnaeus)   11
Cinara bungeanae Zhang, Zhang et Zhong   18
Cinara pinitabulaeformis Zhang et Zhang   21
Cinara tujafilina (del Guercio)   20
Clostera anachoreta (Denis et Schiffermüller)   135
Clytobius davidis (Fairmaire)   41
Cnidocampa favescens (Walker)   116
Coccotorus beijingensis (Lin et Li)   53
Coleophora laricella (Hübner)   170
Corythucha ciliate Say   10
Cossus cossus orientalis (Gaede)   61

Crepidodera pluta (Latreille)　98

Crioceris quatuordecimpunctata (Scopoli)　104

Cryptocephalus mannerheimi Gebler　100

Cryptorrhynchus lapathi (Linnaeus)　52

Culcula panterinaria (Bremer et Grey)　126

Curculio dentipes (Roelofs)　109

Cuscuta chinensis Lam.　194

Cyamophila willieti (Wu)　16

D

Dasinura corylifalva　88

Datura stramonium (Linnaeus)　195

Dendroctonus valens Le Conte　59

Dendrolimus superans (Butler)　161

Dendrolimus tabulaeformis Tsai et Liu　160

Diaphania perspectalis (Walker)　115

Dioryctria rubella (Hampson)　62

Dolycoris baccarum (Linnaeus)　1

Doryxenoides tibialis Laboissière　102

Drosicha corpulenta (Kuwana)　29

Dudusa sphingiformis Moore　138

E

Epicopeia mencia Moore　122

Erannis ankeraria (Staudinger)　133

Eriophyes disoar Nalepa　30

Eucryptorrhynchus brandti (Harold)　51

Eucryptorrhynchus scrobiculatus (Motschulsky)　50

Euproctis flava (Bremer)　150

Euricania clara Kato　14

F

Fentonia ocypete (Bremer)　137

G

Gastropacha populiolia Esper　163

Gonepteryx aspasia Ménétriés　173

Graphosoma rubrolineata (Westwo)　3

Gryllotalpa unispina Saussure　67

H

Halyomorpha halys (Stal)　2

Hartigia viatrix Smith　33

Holotrichia oblita (Faldermann)　72

Hylobitelus abietis haroldi Faust　55

Hyphantria cunea (Drury)　152

I

Illiberis ulmivora Graeser　113

Illiberis pruni Dyar　112

Ivela ochropoda (Eversmann)　148

L

Labidostomis chinensis Lefèvre　101

Lema decempunctata Gebler　103

Leucoma candida (Staudinger)　145

Leucoma salicis (Linnaeus)　147

Lotaphora admirabilis Oberthür　134

Loxostege sticticalis Linnaeus　114

Lycorma delicatula (White)　13

Lymantria dispar (Linnaeus)　144

Lytta caraganae Pallas　90

M

Malacosoma neustria testacea Motschulsky　158

Malacosoma rectifascia Lajonquière　159

Maladera orientalis (Motschulsky)　73

Megopis sinica (White)　36

Meichihuo cihuai Yang　123

Melolontha incana (Motschulsky)　72

Mesosa myops (Dalman)　45

Metacrocallis vernalis Beliaev　134

Micromelalopha sieversi (Staudinger)　136

Mimela holosericea (Fabricius)　67

Minois dryas (Scopoli)　171

N

Narosoideus favidorsalis (Staundinger)　120

Naxa seriaria (Motschulsky)　131

Nerice davidi Oberthür　140

O

Oberthueria yabdu Zolotuhin & Wang　169

Obolodiplosis robiniae (Haldemann)　87

Odonestis pruni (Linnaeus)　164

Oides decempunctata (Billberg)　96

Omphisa plagialis (Wilenman)　63

Oncocera semirubella Scopoli　116

Ophrida xanthospilota Baly　97

Orchestes alni (Linnaeus)　108

Orgyia antiqua (Linnaeus)　151

Oxycetonia jucunda Faldermann　71

P

Pallasiola absinthii (Pallas)　101

Papilio xuthus (Linnaeus)　175

Paracycnotrachelus chinensis (Jekel)　106

Paranthrene regalis (Butler)　65

Paranthrene tabaniformis (Rottemburg)　64

Parasa consocia Walker　118

Parasa sinica Moore　119

Parnops glasunowi Jacobson　98

Pemphigus immunis Buckton　27

Pemphigus matsumurai Monzen　26

Pentatoma rufipes (Linnaeus)　4

Phaenops yin (Kubáň & Bíly)　35

Phalera assimilis (Bremer & Grey)　136

Phalera favescens (Bremer et Grey)　141

Phalera grotei (Moore)　142

Phalera takasagoensis (Matsumura)　140

Phenacoccus fraxinus Tang　28

Philosamia cynthia Walker et Felder　167

Pissodes nitidus Roelofs　55

Plagiodera versicolora (Laicharting)　94

Poecilocoris lewisi (Distant)　4

Polygonia c-album (Linnaeus)　176

Polygonia c-aureum (Linnaeus)　177

Polymerus pekinensis Horváth　7

Pontania bridgmannii Cameron　78

Popillia quadriguttata (Fabricius)　70

Porhesia similis (Fueszly)　149

Pristiphora erichsonii (Hartig)　82

Proagopertha lucidula Faldermann　69

Prociphilus fraxinifolii (Riley)　22

Pterostoma sinicum (Moore)　143

Pyrrhalta aenescens (Fairmaire)　91

Pyrrhalta maculicollis (Motschulsky)　90

S

Saperda populnea (Linnaeus)　43

Scopelodes contracta Walker　121

Semanotus bifasciatus (Motschulsky)　44

Semiothisa cinerearia (Bremer et Grey)　128

Sericinus montela Gray　173

Sicyos angulatus (Linnaeus)　193

Sinoxylon japonicus (Lesne)　56

Smerinthus caecus Ménétriés　164

Smerinthus planus Walker　165

Spilarctia infernalis (Butler)　154

Stauronematus compressicornis (Fabricius)　81

Stephanotis nashi Esaki et Takeya　9

Stictoleptura succedanea (Lewis)　40

T

Tachyerges empopulifolis (Chen)　109

Teia gonostigma (Linnaeus)　152

Tenthredo olivacea Klug　81

Tetraneura akinire Sasaki　25

Thosea sinensis (Walker)　119

Tomapoderus ruficollis Fabricius　105

Tomicus piniperda (Linnaeus)　58

Trichagalma glabrosa Pujade-Villar & Wang　31

Trichoferus campestris (Faldermann)　41

Tropidothorax elegans (Distant)　6

Tuberolachnus salignus (Gmelin)　22

U

Urochela quadrinotata Reuter　5

V

Vanessa indica (Herbst)　178

Viscum coloratum (Kom.)　196

X

Xestia c-nigrum (Linnaeus)　74

Xylothrips cathaicus Reichardt　57

Z

Zamacra excavata (Dyar)　127